長い年月をかけて育つ
主伐《しゅばつ》
（50年目ぐらい～）
木材にするために、
まとまった面積《めんせき》の木を伐る。
搬出《はんしゅつ》
木材《もくざい》の市場などへ運ぶ。
（20年目ぐらい～）
木と木の間隔《かんかく》を空けるために、
数本に１本ずつの割合《わりあい》で木を伐る。
枝打《えだう》ち
（8～20年目）
ノコギリやナタなどを使って、下の方の枝を切る。
除伐《じょばつ》
（8～20年目）
ツタや低木類《ていぼくるい》をチェーンソーやノコギリなどで取り除《のぞ》く。

朝日がさし込《こ》む筆者の森

あるかな？

針《しん》葉《よう》樹《じゅ》の仲間

＊先のとがった細い葉をもっている。

知っている木が

広《こう》葉《よう》樹《じゅ》の仲間

＊平たく幅《はば》広《ひろ》い葉をもっている。

照《しょう》 葉《よう》 樹《じゅ》

＊葉がツルツルとして光って見える。

私《わたし》たちの暮《く》らしを支《ささ》える木

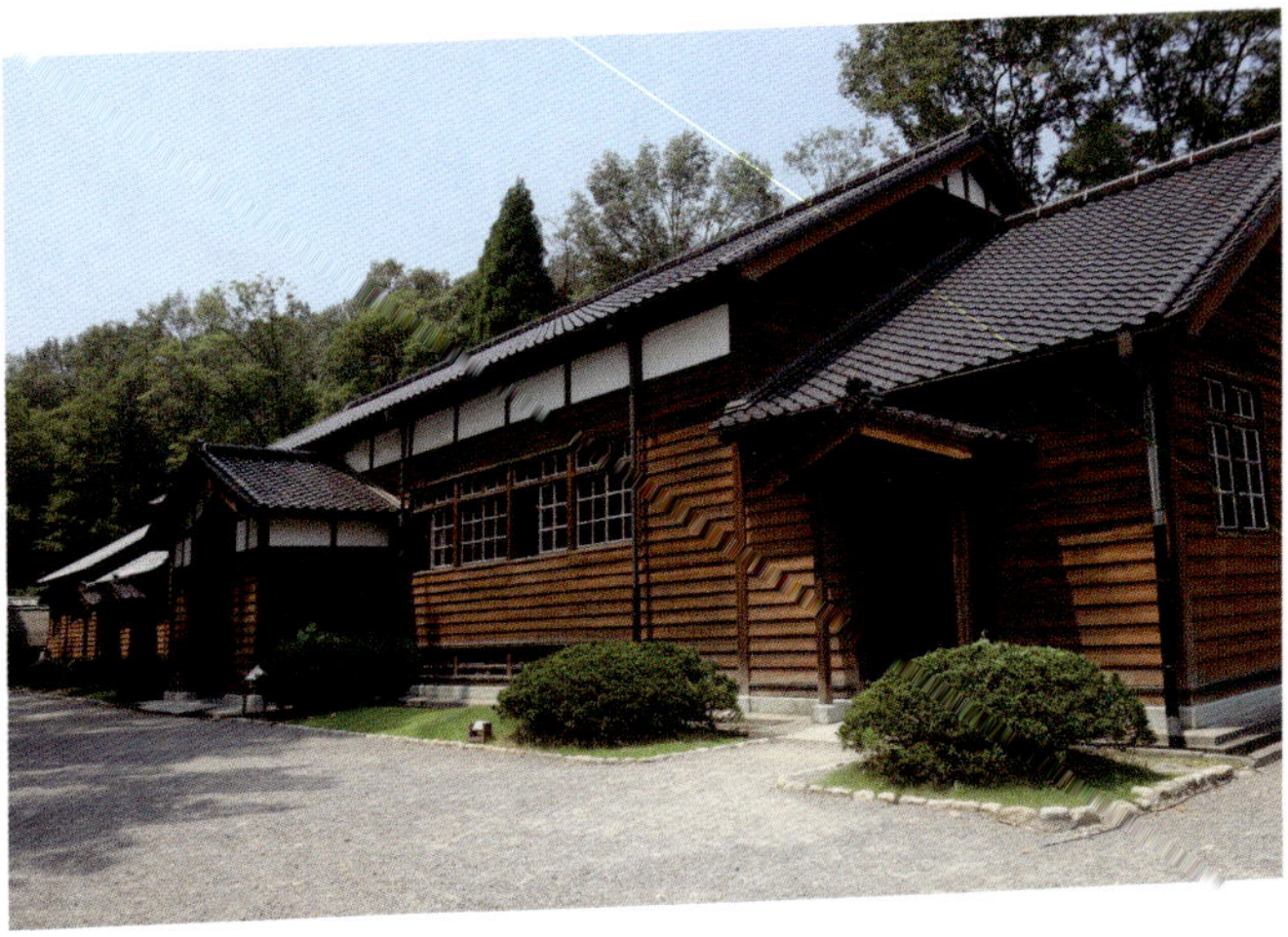

ちしきのもり

本当はすごい森の話

林業家からのメッセージ

田中 惣次

少年写真新聞社

◇もくじ◇

はじめに

春、芽吹《めぶ》きのとき。寒さから解放《かいほう》されて、私の村では山々《やまやま》の表情《ひょうじょう》が一変《いっぺん》します。

やわらかい空気やぬるんできた沢《さわ》の水に、ミソサザイなどの野鳥が楽しそうにうれしそうにさえずり、地面ではフキノトウが春の先がけとばかりに落ち葉の間から頭を出して、苦みのある味を食卓《しょくたく》に届《とど》けます。ワラビやタラの芽《め》もこれに続《つづ》き、木々《きぎ》の梢《こずえ》からは淡《あわ》い赤や黄色、緑の芽が毎日背伸《せの》びをするように葉を広げていきます。アズマイチゲやカタクリ、スミレなどの草花が葉を広げて可憐《かれん》な花を咲《さ》かせると、ヤマザクラは「どうだ」と言わんばかりに山のあちこちに咲きほこり、春の息吹《いぶき》を感じさせます。黄金色の花をつけたヤマブキが、山の斜面《しゃめん》で手招《てまね》きするように風にゆれているさまには、心の底《そこ》から躍動感《やくどうかん》を覚《おぼ》え、ワクワクします。

「すごい、すごい」という言葉が自然《しぜん》に出てきて、幸せを感じます。毎日山に入っている私《わたし》でさえ、春の山を見ればこんな気持ちになるのですから、都会育ちの人や、山に来る機会《きかい》の少ない人たちは、さらに感動することはまちがいないと思います。

夏の深緑は涼風《りょうふう》を吹《ふ》き出し、秋は紅葉《こうよう》、冬は真っ白な雪景色《ゆきげしき》と、春夏秋冬いろいろな顔をもつ自然が、すばらしい演出《えんしゅつ》をこらして私たち人間を待っています。

この本は、東京の村で暮《く》らして六九年、私の林業人生で得《え》られたことを中心にまとめてあります。多くの子どもたちに、毎日とは言わないけれど、できるだけ機会《きかい》をつくって自然の中へ飛《と》び出してほしい、森の中を歩いてほしいという願《ねが》いが込《こ》めてあります。新しい発見があったり、心がすがすがしくなったりして、やる気の出るスイッチが入ると思います。

山は、「本当にいい」ですよ。

そして、本を読んで何かを感じ、さらにその気づきの中から、森林の大切さや地球環境《かんきょう》、それを支《ささ》えている林業のことなどを発展的《はってんてき》に学んでいただければ幸いです。

それらは、自然界の一員としてこの地球上で生かされている私たちが、知っていなければならないことだと思います。

林業用語集

林業…木を植えて、育て、伐《き》って木材《もくざい》にする仕事。詳《くわ》しい仕事内容《ないよう》については、第四章を参照《さんしょう》。

針葉樹《しんようじゅ》…先がとがった細い葉をもつ樹木のこと。マツやスギ、ヒノキなど。

広葉樹…平たく幅広《はばひろ》い葉をもつ樹木のこと。ケヤキやブナなど。広葉樹のうち、秋に葉を落とすものを落葉広葉樹、落とさないものを常緑《じょうりょく》広葉樹という。

照葉樹《しょうようじゅ》…葉がツルツルとして光って見える樹木を照葉樹という。常緑広葉樹の仲間《なかま》。シイやカシなど。

人工林…人の手で植えられた樹木が集まった森林のこと。

天然林《てんねんりん》…自然にできた森林のこと。自然林ともいう。

樹齢《じゅれい》…樹木の年齢のこと。植えてから５年たったものを「５年生」、10年のものを「10年生」などという。

林齢…森林の年齢のこと。その森で育っているおもな樹木の年齢を平均《へいきん》したもの。

林床《りんしょう》…森林の中の地面のこと。日光の当たり具合などによって、育つ植物が異《こと》なってくる。

材積《ざいせき》…木材《もくざい》の体積のこと。

〔**伐《き》る**…本書では、樹木を切りたおすことを表すときは「伐」の漢字を使っています〕

第一章

山里の暮《く》らし ～檜《ひの》原《はら》村《むら》のこと～

東京の「村」

私《わたし》が住んでいる東京都西多摩郡檜原村《にしたまぐんひのはらむら》は、都心から西方向におよそ六〇キロメートルの、神奈川県《かながわけん》、山梨県《やまなしけん》、東京都が境《さかい》を接《せっ》するところに位置《いち》しています。島をのぞけば、東京都ではただ一つの「村」です。総面積《そうめんせき》は一万ヘクタール（一ヘクタールは一〇〇メートル×一〇〇メートルの面積）ちょっとありますが、その九〇パーセント以上《いじょう》が山林で占《し》められています。平らなところは少なく、傾斜《けいしゃ》した畑で農作物を作っています。

村の面積の約《やく》八〇パーセントが秩父《ちちぶ》多摩甲斐《かい》国立公園に入っていることから、観光客《かんこうきゃく》向けのキャンプ場や民宿《みんしゅく》なども多数あります。大都会・東京の奥《おく》座敷《ざしき》として、夏は涼《すず》しさを求《もと》めて多くの人がやって来ます。山だけではなく、滝《たき》や川など、自然環境《しぜんかんきょう》にめぐまれたすばらしいところです。

東京の「村」、檜原村

村で一番高い山は、三頭山《みとうさん》（標高《ひょうこう》一五三一メートル。標高とは、海面からの高さのこと）です。ここには、毎年二〇万人以上《いじょう》の人が訪《おとず》れる人気スポット「都民の森」があります。いくえにも重なり合った峰々《みねみね》に霧《きり》がかかり、時には雲海となったり、雨上がりの朝もやにけむるスギ木立にまぶしい太陽の光がさし込《こ》んでいく筋《すじ》もの光の影《かげ》を作ったりするさまは、幻想的《げんそうてき》でなんともいえません。

檜原村《ひのはらむら》全体の標高は二二四・五メートルから一五三一メートル、緑が生い茂《しげ》る山里です。昼と夜の気温差《さ》が大きく、傾斜地《けいしゃち》にあって小砂利《こじゃり》混《ま》じりの畑は水はけが良《よ》いので、おいしいじゃがいもができます。村のイメージキャラクターも、じゃがいもをイメージした顔の「ひのじゃがくん」です。

人口は毎年減《へ》り続《つづ》けて、現在《げんざい》（二〇一六年）は約《やく》二三〇〇人です。過疎《かそ》（その地域《ちいき》の人口などが非常《ひじょう》に少ないこと）といわれていますが、私《わたし》はいつも「適疎《てきそ》」だといっています。それは、私の村は今、出たい人は出て住みたい人が住む、入れ替《か》わりの時期ではないかと思っているからです。つまり、出ていく人だけではなく、入ってくる人も少しはいるわけです。

村全体で見ると、六五歳《さい》以上の人の占《し》める割合《わりあい》がすでに四七パーセントを超《こ》えています。国全体では二五パーセントほどですから、誕生《たんじょう》する赤ちゃんよりも、老人がかなり多い地域だということがわかります。ちなみに、一九八五年ごろまでは、小学校が八校、中学校が三校あった時代もありましたが、現在は一校ずつになり、一クラス一〇人前後で学んでいます。

村での生活

私の住んでいる笹野《ささの》地区は、戸数約三〇戸の集落です。

昔は、斜面《しゃめん》の畑を耕《たがや》し、檜原名物のじゃがいもやこんにゃくなどを栽培《さいばい》していました。今は多くがサラリーマンになっていて、耕作《こうさく》を放棄《ほうき》された畑が増《ふ》えています。

この地区には、四五〇年以上続《いじょうつづ》いている、「式三番《しきさんば》」という民俗芸能《みんぞくげいのう》があります。式三番というのは、能《のう》や狂言《きょうげん》とならぶ能楽（踊《おど》りやお芝居《しばい》をふくむ芸能のこと）のひとつで、笹野《ささの》の式三番は東京都の無形民俗文化財《むけいみんぞくぶんかざい》にもなっています。秋のお祭りには、農作物がよく実ったことへの感謝《かんしゃ》や、健康《けんこう》、家内安全、気象災害《きしょうさいがい》が起こらないことなどを願《ねが》い、奉納上演《ほうのうじょうえん》されます。一四名の演者《えんじゃ》が必要《ひつよう》なのですが、少子高齢化《こうれいか》（子どもが少なくお年寄《としよ》りが多いこと）地区ですので若《わか》い演者が減《へ》っていて、今後どうしたら継続《けいぞく》していけるのか頭を悩《なや》ませています。ほかの集落でも状況《じょうきょう》は同じようです。

私《わたし》は、東京都で数少なくなった林業家です。わが家は江戸《えど》時代のはじめからこの地に住み続《つづ》けていて、私で一四代目となります。一九八五年ごろまでは、山また山の檜原村《ひのはらむら》の主な産業《さんぎょう》は、もちろん林業でした。しかし、木材価格《もくざいかかく》が下がるにつれて、多くの人が林業から離《はな》れていきました。

みなさんは、物の値段《ねだん》は時代とともに上がるものだと思っていませんか。もちろん、多くの物の値段はだんだんと上がっていくのがふつうです。しかし、中にはあまり変《か》わらなかったり、逆《ぎゃく》に下がっていったりするものもあるのです。木材の値段のことは、あとでもっと詳《くわ》しく述《の》べます（42ページ参照《さんしょう》）。

私が小さかったころはまだ林業がさかんでしたので、冬になると、山のあちこちから炭焼《すみや》き（木をむし焼きにして、木炭を作ること。木炭は燃料《ねんりょう》として使われる）の煙《けむり》が上がっているのが見えたものです。谷に入ると、炭焼き独特《どくとく》のにおいがプーンとにおってきたのを覚《おぼ》えています。

尾根《おね》からのすばらしい景色《けしき》

私が仕事をしている檜原村の山の尾根からは、東京都内が一望《いちぼう》できます。

以前《いぜん》、こんなことがありました。夏、山の上でテントを張《は》り、二泊《にはく》三日で下刈《したが》り作業（91ページ参照）を行っていた森林ボランティアの人たちが、夜、星空の観察《かんさつ》をしながら夜景《やけい》を見ていると、遠くに光の玉が次々《つぎつぎ》に上がるのが見えたのです。

なんだと思いますか。それは花火なのです。それも隅田川《すみだがわ》の花火です。地図で、檜原村《ひのはらむら》と隅田川花火大会の会場となる浅草《あさくさ》あたりの距離《きょり》を調べてみてください。こんなに離《はな》れているのに見えるなんて、信《しん》じられますか。実は村からは、埼玉県《さいたまけん》の西武園《せいぶえん》ゆうえんちや立川市と昭島市《あきしまし》にまたがる国営《こくえい》昭和記《き》念《ねん》公園などの花火を見ることもできます。しかし、音は聞こえませんし、ピンポン玉ぐらいの大きさの花火ですので、おもしろくはありません。やはり花火は近くで「ドーン」と音を聞き、首が痛《いた》くなるほど夜空を見上げて見た方が、感動するというものです。

もちろん昼間は、スカイツリーや新宿などの高層《こうそう》ビル群《ぐん》や筑波山《つくばさん》、うっすらですが房総《ぼうそう》半島も見えます。冬の晴れた日の夕方、仕事を終えて山道を車にゆられながら下りてくる途中《とちゅう》で見る都心の夜景《やけい》は、宝石《ほうせき》をちりばめたようにキラキラと輝《かがや》いていて、それはもう最高《さいこう》にきれいです。（しかし、以前《いぜん》はこのようには見えませんでした。近年、中国の北京《ペキン》や上海《シャンハイ》の光化学スモッグによる大気汚染《おせん》の状況《じょうきょう》をテレビで見たことがあると思いますが、日本も以前は同じような状況だったのです。空気が汚れていて、遠《よ》くの景色《けしき》を見ることはできませんでした。国などが、工場や自動車から出る二《に》酸化炭素《さんかたんそ》などの有害物質《ゆうがいぶっしつ》を規制《きせい》したことで、徐々《じょじょ》に空気がきれいになってきて、現在《げんざい》のような状況になったのです）

ところで、江戸《えど》時代に作られた檜原の民謡《みんよう》の茅刈《かやか》り歌（茅を刈るときに口ずさむ民謡）の歌詞《かし》には、次のような意味のものがあります。

「山から街《まち》に煙《けむり》の上がっているのが見えたら山の木を伐《き》り出せよ、そうすれば江戸の復興《ふっこう》に間に合い、役立ち、収入《しゅうにゅう》にも結《むす》びつくから」

といった文言です。江戸の街では大火事が多かったことから、この民謡ができたようなのですが、まさしく檜原村《ひのはらむら》は、江戸《えど》の街《まち》の動向とともに歩んできた林業地だということがわかります。

檜原村の林業のこと

さて、ここで林業という仕事について少しだけ紹介《しょうかい》しましょう。林業とは、かんたんに言うと、木を植えて、育て、木材《もくざい》を得《え》る仕事のことです（詳《くわ》しい作業の内容《ないよう》は第四章で述《の》べます）。みなさんは、スギの木などがきれいにならんで生えている山林を見たことがありますか。自然《しぜん》に生えた木はあのようにきれいにならぶことはありませんから、そのような山は、私《わたし》たち林業家が木を育てている山ということになります。こうした森林は、「人工林」とも呼《よ》ばれます（これに対し、自然のままの森林は「天然林《てんねんりん》」と呼ばれます）。

みなさんは、木は、ただ植えさえすれば勝手に育つものだと思っているかもしれません。でも、いくら日本の気候《きこう》が木を育てるのに適《てき》しているといっても、放っておいたら、木材として使えるようなりっぱな木は育ちません。木の健全《けんぜん》な成長《せいちょう》をじゃまする雑草《ざっそう》を刈《か》り取ったり、まっすぐ大きく育てるために木と木の間隔《かんかく》を調整したりする作業などが必要《ひつよう》となります。また、獣《けもの》や虫に木の芽《め》を食い荒《あ》らされたり、木が病気にかかったりすることも防《ふせ》がなければなりません。台風や雪などの自然災害《さいがい》からも守らなければなりません。なにしろ、予想のつかない自然が相手の仕事ですから、良《よ》い木を育てようと思えば、気を抜《ぬ》くことなく、季節《きせつ》ごとにさまざまな手入れを行わなければならないのです。

さらに、お米や野菜《やさい》などとちがって、一本の木を育てるのには何十年もの年月がかかります。多くの場合、自分が植えた木がりっぱに育ち、木材として出荷《しゅっか》できるようになるのを自分自身で見届《みとど》けることは、長生きしないとできません。木は、子どもや孫《まご》の代になるころに大きくなり、お金になるものなのです。ですから林業は、とても気の長い仕事だともいえるでしょう。

ここでちょっと、昔の檜原村《ひのはらむら》の林業の様子をお話ししましょう。

木は、檜原村のような山地で長い年月をかけて育てたあと、伐《き》り出して、ふもとの町などへ出荷《しゅっか》することになりますが、自動車などがない時代には、伐り出した木は川を使って下流に流していました。檜原村を流れている川は秋川という川です。東京の大田区で海に流れ込《こ》む多摩川《たまがわ》の支流《しりゅう》ですが、檜原村はそのもっとも上流部ですので、水の量《りょう》は多くありません。ですから、丸太を一本ずつ流す「管流《くだなが》し」といわれる方法《ほうほう》で木を下流へ送っていました。

しかし、川岸に集めておいた丸太が、台風などの大雨で増水《ぞうすい》した川に流されてしまった、という話を聞いたことがあります。そのようなときは、なんと下流までわざわざ木を見つけに行ったそうです。実は丸太には、木口《こぐち》という切り口に、だれのものかがわかるようなしるしがしてありました。ですから見つけることができたそうです。もちろん、全部の木を集めることはでき

なかったと思いますが、わざわざ下流へ行って見つけ出したいほど、当時の木材《もくざい》には価値《かち》があったということがわかると思います。

川幅《かわはば》の広い場所に着いたら、木材をいかだに組んで流しました。当時の写真を見てみると、木材が今のものよりも細いことがわかります。太い木は、注文があったときにだけいかだの真ん中にのせて、大切に運送したそうです。

こうした方法《ほうほう》が行われていたのは昭和の初期《しょき》（一九三〇年前後）までということですので、私《わたし》の記憶《きおく》には残《のこ》っていません。ただ、私が小学生のころ、川遊びをしていると、

「テッポウだぞ！」

と大きな声で、川から離《はな》れるように大人がふれ回ることがあったのを覚《おぼ》えています。テッポウとは「鉄砲水《てっぽうみず》」のことで、川の急激《きゅうげき》な増水《ぞうすい》を表す言葉です。小さな沢《さわ》へ木材を集めておいて、その上流に小さなダムを造《つく》っておき、水がたまったら一気に放流して、その水の勢《いきお》いで木材を流し出すのですが、その

増水のことを「テッポウ」と呼《よ》んだわけです。

みるみるうちににごった水が水量《すいりょう》を増《ま》してきて、木を押《お》し流したあとは、二〇分から三〇分もすれば、きれいなもとの川にもどったものです。

木や竹を使った村の遊び

私の家の下には川が流れています。昔も今も、この川は子どもたちの絶好《ぜっこう》の遊び場となっています。川幅はせいぜい一〇メートル前後、水深は、「淵《ふち》」という水がよどんだ深い場所でも一・八メートルぐらいです。そこをめがけて三メートルほどの高さの岩場から飛《と》び込《こ》むのですが、すぐに下流が浅《あさ》くなっていますので、安心して飛び込みができるわけです。飛び込みは、一番人気の遊びになっています。また、近くに生えているモウソウチクを使っていかだを作ったり、ゴムボートや浮《う》き輪《わ》を使ったりして遊んでいます。

私《わたし》は四棟《よんとう》のコテージも経営《けいえい》しています。定員が七〇名ですので、夏は団体《だんたい》客《きゃく》が何組も宿泊《しゅくはく》します。お客さんとよくするのは、魚のつかみ取りです。近くのつり堀《ぼり》からニジマスを購入《こうにゅう》し、川岸に浅《あさ》い池を造《つく》って、そこに放すと、子どもたちは「キャーキャー」と大さわぎです。川には、アユやウグイ、イワナなどもいます。ウナギもいます。以前《いぜん》は、ハゼに似《に》たカジカがいっぱいいました。カジカは一時、まったく姿《すがた》を消していた時期もありましたが、最《さい》近《きん》、あまり数は多くないのですがもどってきたようです。

私が子どものころには、六月の下旬《げじゅん》ごろに、乱舞《らんぶ》するホタルも捕《と》りました。長い竹ざおの先に麦わらを付《つ》けて作った大きなほうきをゆっくりふり回すと、ホタルが、吸《す》い込《こ》まれるようにからみついて捕れるのです。しかし、今は残《ざん》念《ねん》ながら家の周《まわ》りにはホタルが来ません。

「えっ、自然《しぜん》が多そうなのに、なぜ」

と思われるかもしれませんが、秋川の水生昆虫《こんちゅう》を調べてみると、カゲロウの幼虫《ようちゅう》はいても、ホタルのエサになるカワニナが生息していないのです。なんと、それは水がきれいすぎるからなのです。カワニナが生息するためには、少しだけ水が汚《よご》れていないとだめだそうです。檜原村《ひのはらむら》も以前とは異《こと》なり、上下水道が整備《せいび》され、汚れたもの（残飯《ざんぱん》などの有機物《ゆうきぶつ》）が川に流入しなくなったのが原因《げんいん》ではないかと思います。

また、チャンバラごっこやすもうもよくやりました。チャンバラの刀は、木刀になりそうな木を山へ取りに行って、手作りしました。本当にたたき合うので、青アザやすり傷《きず》を作るのはしょっちゅうでした。今思えば、大変危《たいへんあぶ》ないことをしたものだと思います。

藤《ふじ》のつるを利用《りよう》してターザンごっこをしたり、スギの葉や枝《えだ》を利用してかくれ家を造って遊んだりもしました。なにしろ現在《げんざい》のようにゲーム機《き》やパソコンなどがなかったので、休みの日は一日中外で遊んだものです。このように、木や竹は、子どもの遊びに欠《か》かせないものでした。

また、私《わたし》が子どものころは、巨人軍《きょじんぐん》の長嶋選手《ながしません しゅ》や王選手が活躍《かつやく》しはじめた時代で、子どもたちの間でも野球が大人気でした。広場や道路（昔は車が少なかったので道路で遊びましたが、現在《げんざい》はできません）では、あちこちでキャッチボールの音が聞こえていました。上級生が広い場所を独占《どくせん》していたので、小学校一、二年生のころは、狭《せま》い場所で、バット代わりににぎりこぶしでゴムまりを打つ、三角ベースをしていました。高学年になると、ぼろきれを丸めてボールを作り、バットはスギの細い木を削《けず》って作ったのを覚《おぼ》えています。

一九五五年ごろの檜原村《ひのはらむら》は三〇の地区に分かれていて、人口は六〇〇〇人を超《こ》えていました。そして、三〇の集落しかないのに、野球のチーム数は、青年チームとさらに年上のチームで四五もあり、活気がありました。七月のお盆《ぼん》の二日間は野球大会が盛大《せいだい》に開かれていました。

私も野球が大好《だいす》きで、小・中・高・大学までクラブに入って野球に明け暮《く》れていました。そこで学びつちかわれた経験《けいけん》は、今までの生き方に大変影響《たいへんえいきょう》しています。自分で言うのもおかしいですが、野球はけっこう上手でした。

さて、私は大学へ行くためにいったん村を離《はな》れ、卒業後《そつぎょうご》の一九六九年に村にもどってきましたが、野球チームをはじめ、スポーツのクラブは何もありませんでした。

村中の若者《わかもの》の多くがいなくなっていたのです。どうしてでしょうか。

第一次産業《さんぎょう》から第二次産業へ

一九六〇年は、「燃料革命《ねんりょうかくめい》の年」といわれています。

それまで、家庭で使う燃料は、まきや炭といった木を材料《ざいりょう》とするものや石炭が中心でしたが、このころから石油や天然《てんねん》ガスといったものに取って代わられるようになったためです。第一次産業（農業、林業、漁業《ぎょぎょう》など）から第二次産業（工業、製造業《せいぞうぎょう》、建設業《けんせつぎょう》など）へと国の産業の中心が大きく変化《へんか》した時代で、より効率《こうりつ》の良《よ》い燃料として、石油などが求《もと》められたのです。

まだ日本では、一般《いっぱん》の人が自家用車を持つことなどは夢《ゆめ》のような時代でもありました。お金持ちのアメリカ社会ではすでに一家で二、三台もの車を持って暮《く》らしているそうだ、などという話を聞いたのもこの時代でした（本当だったかどうかはわかりません）。なにしろ経済的《けいざいてき》に豊《ゆた》かになるためには工業化するしかない、ということで、学校でも家庭でも、地域《ちいき》をあげて「農山村から出て、都会の工場で働《はたら》こう」というような教育がなされていました。ですから、若者《わかもの》は住み込《こ》みで働くためなどに、農山村を出てしまっていたのです。

村の生活や考え方もずいぶん変《か》わっていきました。それまでは仕事よりも伝統芸能《でんとうげいのう》や、冠婚葬祭《かんこんそうさい》（結婚式《けっこんしき》やお葬式《そうしき》などの行事のこと）をはじめとした、地域社会の行事や付《つ》き合いを優先《ゆうせん》していたのですが、そのころから経済が優先されるようになり、職場《しょくば》での付き合いが中心になりました。家族構成《こうせい》は、三世代がいっしょに住むものから核家族《かくかぞく》（夫婦とその子どもだけの家族）へと変わり、収入《しゅうにゅう》（かせぐお金）は多くなったのですが、支出《ししゅつ》（使うお金）も多くなりました。暮らし方がガラっと変わったのです。そうして工業化を進めていき、日本は世界でも有数の経済大国になりました。

燃料革命《ねんりょうかくめい》

「燃料革命」とは、それまでに使用されていた主な燃料が、急激《きゅうげき》にほかの燃料に取って代わられることを言います。これまで、燃料革命と呼《よ》ばれる変化《へんか》は何度か起こりましたが、アフリカや中東地域《ちいき》で次々《つぎつぎ》と油田（石油が埋《う》まっている場所のこと）が発見されたことにともなって起こった1960年ごろの燃料革命は、日本国内での工業化の動きと重なって、大きなものとなりました。

それまで家庭での燃料として使われていたのは、木炭やまき、石炭が中心でしたが、この時期から石油やガス、電気などに一気に替《か》わり、このことによって、木炭の材《ざい》料《りょう》となるナラやカシ、ブナなどの天然林《てんねんりん》の価値《かち》も下がってしまいました。

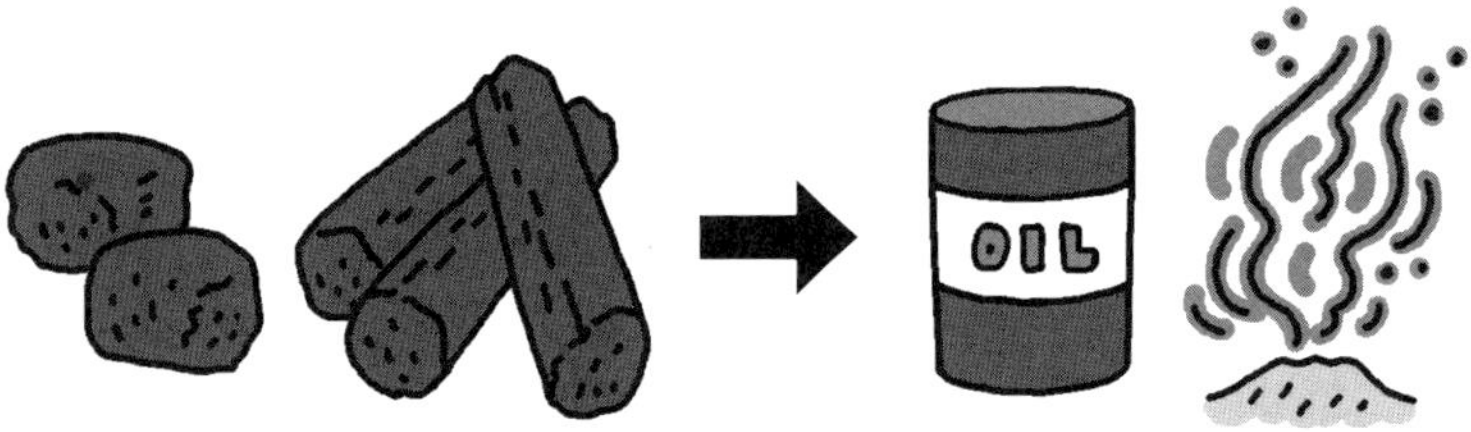

石炭　木炭　石油　天然ガス

第二章

人間の暮《く》らしと日本の森林

日本の国土

『平成《へいせい》28年版《ばん》 森林・林業白書』によると、日本の国土は、約《やく》三六四五万ヘクタールの陸地面積《りくちめんせき》のうち、約二四九六万ヘクタールが森林です。つまり日本は、国土の三分の二が森林でおおわれている、世界有数の森林国です。

森林は持ち主によって、国が持っている国有林と民有林《みんゆうりん》に分けられます。民有林のうち個人《こじん》や会社、神社やお寺などの宗教法人《しゅうきょうほうじん》などが持っているものを私有林《しゆうりん》、都道府県《とどうふけん》が所有しているものを公有林といいます。

また、森林のうちの約四割《わり》が人工林で、国土全体で見ると、およそ二八パーセントが人工林ということになります。この割合の高さは、チェコの三四パーセント、スウェーデンの三三パーセント、ポーランドの二九パーセントに続《つづ》く高さです。そして、人工林（民有林のみ）のうち、約二九パーセントがスギ林、約二三パーセントがカラマツ林、ヒノキの林が約一四パーセントとなっています。

図１　日本の森林面積の内訳《うちわけ》（単位《たんい》：万ha）

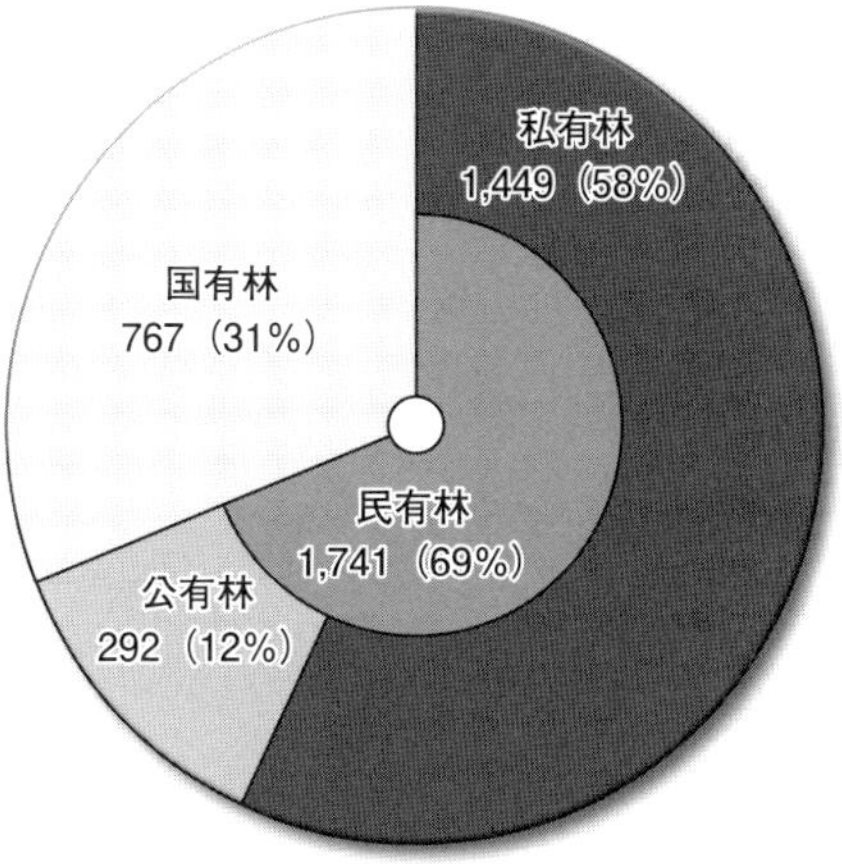

注１：平成24（2012）年３月31日現在の数値。
　２：計の不一致は四捨五入による。
資料：林野庁「森林資源の現況」

〈出典：林野庁編「平成28年版 森林・林業白書」全国林業改良普及協会、2016〉

図２　主な国別《くにべつ》、森林・人工林が陸地に占《し》める割合（単位：%）

国（地域《ちいき》）	森林が陸地に占める割合	森林のうちの人工林が陸地に占める割合	国（地域）	森林が陸地に占める割合	森林のうちの人工林が陸地に占める割合
日本	68.5	28.2	コンゴ民主共和国	67.0	0.03
マレーシア	68.0	6.0	ザンビア	65.0	0.09
韓国《かんこく》	63.7	19.2	カナダ	38.2	1.7
フィンランド	73.1	22.3	米国	33.8	2.9
スウェーデン	68.4	33.5	ブラジル	59.0	0.9
オーストリア	46.9	20.5	ペルー	58.0	0.9
チェコ	34.5	34.2	ベネズエラ	53.0	0.6
ポーランド	30.8	29.3	ニュージーランド	38.6	7.9

注１：OECD加盟国、及び土地面積が1,000万ha以上でかつ人口が1,000万人以上の国を対象。
　２：（略）
　３：土地面積は内水面面積を除く。
資料：FAO「The Global Forest Resources Assessment 2015」

〈出典：林野庁編「平成28年版 森林・林業白書」全国林業改良普及協会、2016より抜粋して作成〉

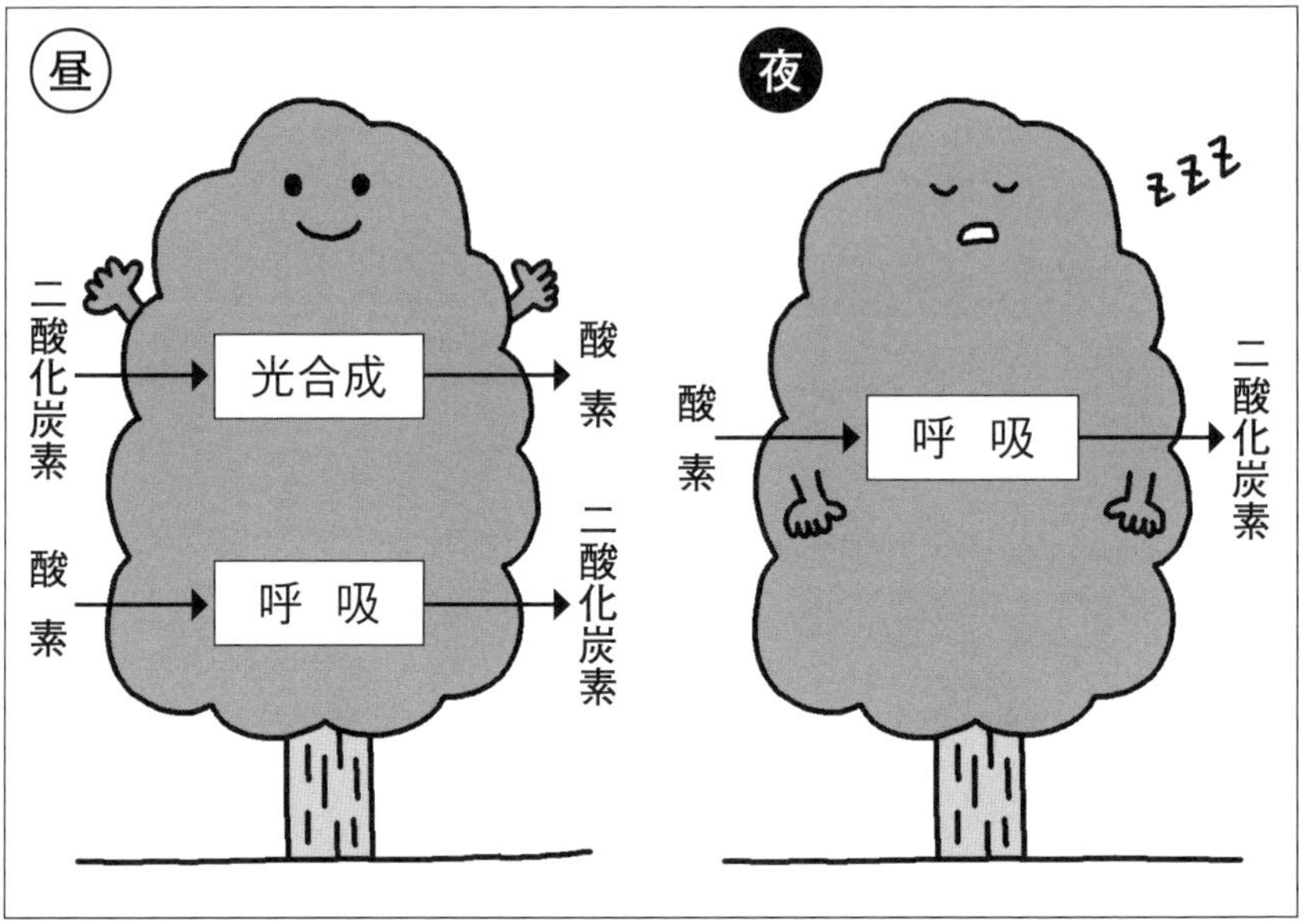

ところで、人間が生きていくことができるのは、実は木などの植物のおかげだということを知っていますか。人間は呼吸《こきゅう》するときに、酸素《さんそ》を吸《す》って二酸化炭素《にさんかたんそ》を吐《は》き出します。こんなに多くの人間が毎日呼吸をしているのに、地球上の酸素がなくならないのは、植物が、二酸化炭素を吸収《きゅうしゅう》して酸素を作り出す働《はたら》き（光合《こうごう》成《せい》）をしてくれているからなのです。ですから、この世界に木などの植物がなければ、人間は一日も生きていくことはできないのです。

さて、日本の樹木《じゅもく》がどれだけ成長《せいちょう》したかを見ると、この五〇年ほどで約《やく》二・六倍になっていますが、人工林だけを見ると約五・四倍にもなっています（37ページ図3参照《さんしょう》）。人工林は天然林《てんねんりん》に比《くら》べて、およそ一・六倍の成長量《りょう》・蓄積量《ちくせきりょう》（これまでの樹木の成長量を材積《ざいせき》で表したもの）があります。ということは、二酸化炭素の吸収量も一・六倍あるということが言えます。それは木の性質《せいしつ》にも原因《げんいん》があります。人工林に多いスギやヒノキは枝《えだ》の張《は》りが短く、たて方向に伸《の》びて葉をつけますが、天然林に多い広葉樹《こうようじゅ》は枝を横に伸ばす性質がありますので、面積で見てみると、そこに立っている木の本数は広葉樹の方が少なくなってしまうからです。

林業の歴史《れきし》

みなさんは、日本の三大美林といわれる場所はどこか、知っていますか。
それは、長野県木曽《きそ》のヒノキ林、秋田県のスギ林、青森県のヒバ林です。

これらは人の手で植林したものではなく、自然《しぜん》に育った天然林《てんねんりん》です。かつては大変《たいへん》広い面積《めんせき》の森林でした。私《わたし》も視察《しさつ》に行きましたが、近年は規模《きぼ》が本当に小さくなってしまいました。

さて、日本人は古くから、このように豊《ゆた》かな森林に囲《かこ》まれて暮《く》らしてきたため、火を燃《も》やしたり生活道具を作ったりするためだけではなく、建物《たてもの》を建《た》てるためなどにも、主に木を材料《ざいりょう》として使ってきました。

特《とく》に今から千年以上《いじょう》前、京都や奈良《なら》に都をつくるときには、多くの木が伐《き》られ、大量《たいりょう》の木材が使用されました。そのため、当時の都周辺《しゅうへん》では木がだんだんと少なくなっていったのです。

図３　日本の森林蓄積《ちくせき》の移《うつ》り変《か》わり（億《おく》㎥）

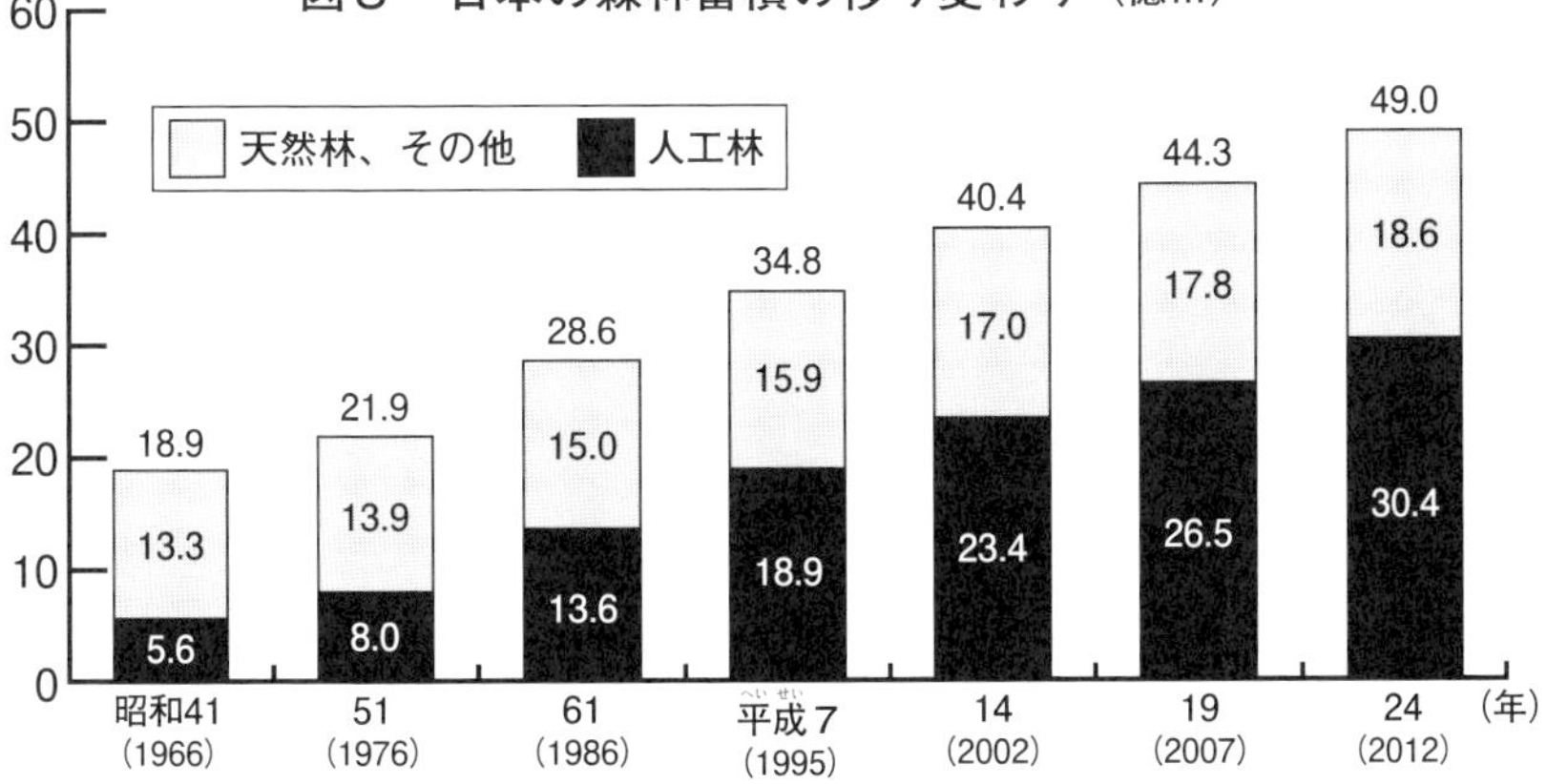

注１：各年とも３月31日現在の数値。
　２：平成19（2007）年と平成24（2012）年は、都道府県において収穫表の見直し等精度向上を図っているため、単純には比較できない。
資料：林野庁「森林資源の現況」

〈出典：林野庁編「平成28年版 森林・林業白書」全国林業改良普及協会、2016〉

人工林がモクモクと成長《せいちょう》中

そこで、自然《しぜん》に生えている木を採《と》ってくるだけではなく、植えて育てていく人工林づくりがはじまったとされています。そうした動きはどんどん広がっていき、本格的《ほんかくてき》な林業地が誕生《たんじょう》するまでになったのは、豊臣秀吉《とよとみひでよし》の時代、一五世紀《せいき》から一六世紀ごろだといわれています。

江戸《えど》時代に入り、日本各地《かくち》の林業地は活動が活発になりました。奈良県《ならけん》の吉野《よしの》林業地や静岡県《しずおかけん》の天龍《てんりゅう》林業地、九州は大分県《おおいたけん》の日田《ひた》林業地、そして私《わたし》の住んでいる青梅《おうめ》林業地などです。

明治《めいじ》時代に入ると、よりいっそう人工林が広がっていきましたが、一九四五年以降《いこう》、第二次世界大戦《たいせん》後に、街《まち》を復興《ふっこう》するための資材《しざい》として多くの木材《もくざい》が必要《ひつよう》とされたことから、その動きはますますさかんになりました。

そして、人工林を育てる私たち林業家は、その時代ごとに、多くの人が望《のぞ》むものを提供《ていきょう》してきました。燃料《ねんりょう》としてまきや炭が求《もと》められればそれを提供し、建築《けんちく》用の材木が求められればそういったものを提供してきました。

しかし、以前は木材の経済的《けいざいてき》な価値《かち》が高かったので、山村では多くの人が林業を行い、人々《ひとびと》が望むものを提供することができていたのですが、木材の経済的な価値が低《ひく》くなり林業で生活できなくなってきた現在《げんざい》では、働《はたら》き手がいなくなり、山は荒《あ》れてしまっているのです。

人類《じんるい》にとって大切な森林

前にも述《の》べたように、林業においては、苗木《なえぎ》を植えてから収入《しゅうにゅう》になるのは数十年も先です。現代《げんだい》社会に生まれ育った人から見ると、なぜ自分のお金にもならないそんな先のことを思って植林をするんだ、と思うのかもしれません。なにしろ林業とは、苗を植える人がいて、子どもが手入れをし、孫《まご》の代になってやっと収穫《しゅうかく》する、といったぐあいの仕事なのです。

実は森林は、目先の利益《りえき》を優先《ゆうせん》して利用《りよう》したり、個人《こじん》のものとしてとらえたりするものではなく、貴重《きちょう》な再生産可能《さいせいさんかのう》な資源《しげん》として、国ぐるみで子々《しし》孫々《そんそん》まで残《のこ》していかなければならないものなのです。

農業や林業、漁業《ぎょぎょう》などの一次産業《さんぎょう》は、縄文《じょうもん》の昔からはじまって未来《みらい》までずっと続《つづ》いていくものであり、人類《じんるい》が生きていくうえでなくてはならないものです。そして、森林については、世界中の歴史《れきし》を見ても、なくなってしまうと人間もその場所で生活することができなくなり、文明が衰《おとろ》えてしまうということがわかっています。有名な古代エジプト文明、メソポタミア文明、中国の黄河《こうが》文明などもそうでした。その周辺《しゅうへん》から森林が消えてなくなるとき、文明は滅《ほろ》んで、荒《あ》れ果《は》てた大地だけしか残らないのです。


日本は温暖《おんだん》で雨が多く、植物の生育に非常《ひじょう》に適《てき》している国ですから、いつでも緑があることが当たり前で、日本から森林がなくなることなんてありっこないとみなさんは思っているかもしれませんが、そんなことはありません。

近年の日本の歴史を見ても、第二次世界大戦《たいせん》後には、空襲《くうしゅう》などのために市街《しがい》地《ち》は焼《や》け野原になり、その復興資材《ふっこうしざい》として大量《たいりょう》の山の木が使われました。全国いたる所の木が過剰《かじょう》に伐《き》られ、材木《ざいもく》や燃料《ねんりょう》にされてしまったのです。私《わたし》の家でもそうですが、多くの林業家が市街地に住む人たちのために、国の指示《しじ》によって、樹齢《じゅれい》の高い木を強制的《きょうせいてき》に伐採《ばっさい》させられて供出《きょうしゅつ》しました。そのため、大雨が降《ふ》ると下流では大洪水《だいこうずい》が起き、上流の山々《やまやま》では土砂災害《どしゃさいがい》がひんぱんに起こったりしました（68ページ参照《さんしょう》）。

たくさんの木を伐り出した結果《けっか》、木のないハゲ山（造林未済地《ぞうりんみさいち》といいます）があちこちにできました。これがおよそ七〇年前のことです。その後、これではいけないということで、国は、国土の緑化運動をはじめました。

植樹祭《しょくじゅさい》

その一つが植樹祭です。まず、一九五〇年に「第一回全国植樹祭」が山梨《やまなし》県《けん》で開かれてから、現在《げんざい》まで毎年行われています。植樹祭とは、天皇皇后《てんのうこうごう》両《りょう》陛下《へいか》を迎《むか》えて苗木《なえぎ》を植える行事などを行い、森林に対する国民の愛情《あいじょう》をつちかおうという催《もよお》しです。二〇一六年は、六月第一日曜日に、第六七回大会が長野県で行われました。また、植林された木が健全《けんぜん》に育つためには手入れが必要《ひつよう》ですので、一九七七年からは、皇太子《こうたいし》・同妃殿下《ひでんか》のご臨席《りんせき》のもと、森林を育て次世代へつなげることを目的《もくてき》に「全国育樹祭《いくじゅさい》」が開催《かいさい》されています。日本人、特《とく》に山村に住み、林業を職業《しょくぎょう》として働《はたら》いてきた人たちが、こうして戦後《せんご》のハゲ山に木を植えて、手入れをしてきたからこそ、今の日本は世界に誇《ほこ》れる緑あふれる国土になっているわけです。

木材《もくざい》の値段《ねだん》

私は六九歳《さい》です。林業の現場《げんば》で悪戦苦闘《あくせんくとう》しながら夢中《むちゅう》で働いてきたせいか、あっという間に歳《とし》を取ってしまいました。おかげさまで今でも楽しく働いています。家業には定年がありませんので、まだ当分楽しめそうです。

第66回全国植樹祭《しょくじゅさい》の様子

植樹する筆者

私《わたし》が子どものころはまだ、山仕事（林業のこと）をする人も大勢《おおぜい》いました
し、木材価格《もくざいかかく》も高く、木の使われ方もちがっていました。

たとえば、今は鉄パイプになってしまいましたが、建設現場《けんせつげんば》などの足場も
昔は木でできていました。足場丸太といわれるもので、長さは六メートルか
ら一〇メートルぐらい、一番細い部分の直径《ちょっけい》が三センチメートルほどの丸太
で作られていました。電柱もさまざまな長さの丸太でした。

また、丸太以外《いがい》にも、枝《えだ》の部分は九〇センチの長さで切り束《たば》ねて焚《た》き付《つ》け
用として売られ、皮も屋根の材料《ざいりょう》として売れました。雑木林《ぞうきばやし》の木はまきや木
炭用としての価値《かち》があり、山は活気があった時代です。林業でお金を十分に
かせぐことができたので、働《はたら》く人も大勢いたわけです。ですから、都市部に
住む人たちは何も考えなくても、森林はきれいに整備《せいび》されていました。

一九六四年、東京オリンピックがあった年に、林業のルールを決めた森林・

林業基本法《きほんほう》ができて、それ以降《いこう》の山をどのようにつくるかの方針《ほうしん》が決まりました。日本は高度経済成長《けいざいせいちょう》、工業化へまっしぐらのときでしたので、大量《たいりょう》の木材が必要《ひつよう》とされていました。しかし、戦後《せんご》にいったんハゲ山になったばかりのころでしたので、それをまかなうだけの国内の木がありませんでした。国の緑化運動によって植林された木も、まだ十分に育ってはいませんでした。そこで、国有林の木をたくさん伐採《ばっさい》せよとか、広葉樹《こうようじゅ》を伐採して材木《ざいもく》に適《てき》したスギやヒノキに植え替《か》えろ（「拡大造林《かくだいぞうりん》」といいます）というような政《せい》策《さく》が採《と》られました。

しかし、それでも足りずに、今度は外国から輸入《ゆにゅう》する丸太にかけていた税《ぜい》金《きん》（関税《かんぜい》といいます）をゼロにして、たくさん輸入するようになったのです。

では、そもそもなぜ外国の丸太（外材《がいざい》といいます）に税金をかけていたのでしょうか。それは、税金をかけると、払《はら》う税金の分だけ一本一本の丸太の値段《ねだん》を上げなければならなくなるからです。そうして外材《がいざい》の値段が上がると、それを買う人が減《へ》り、その分、国産《こくさん》の丸太（国産材といいます）を買う人が増《ふ》えるというわけです。つまり、外材に税金《ぜいきん》をかける制度《せいど》によって、結果《けっか》として国の林業を守ることになっていたのです。

しかし、工業化で、たくさんの安い木材《もくざい》が必要《ひつよう》となったために、国は関税《かんぜい》をゼロにしてしまいました。さらに、工業製品《せいひん》を外国に買ってもらうためにも、日本は外国の木材を輸入《ゆにゅう》しなければならないという事情《じじょう》もありました。その結果、安い外材がどっと入ってくるようになり、国産材は、だんだんと使われなくなってしまいました。

それまで国内での木材の自給率《じきゅうりつ》は七〇パーセントぐらいだったのですが、一九七〇年には約《やく》五〇パーセントになり、一時は一八・八パーセントまで落ち込《こ》んだこともありました。そして、国産材の値段は上がらなくなり、安いままになってしまいました。

図5　木材自給率の移《うつ》り変《か》わり

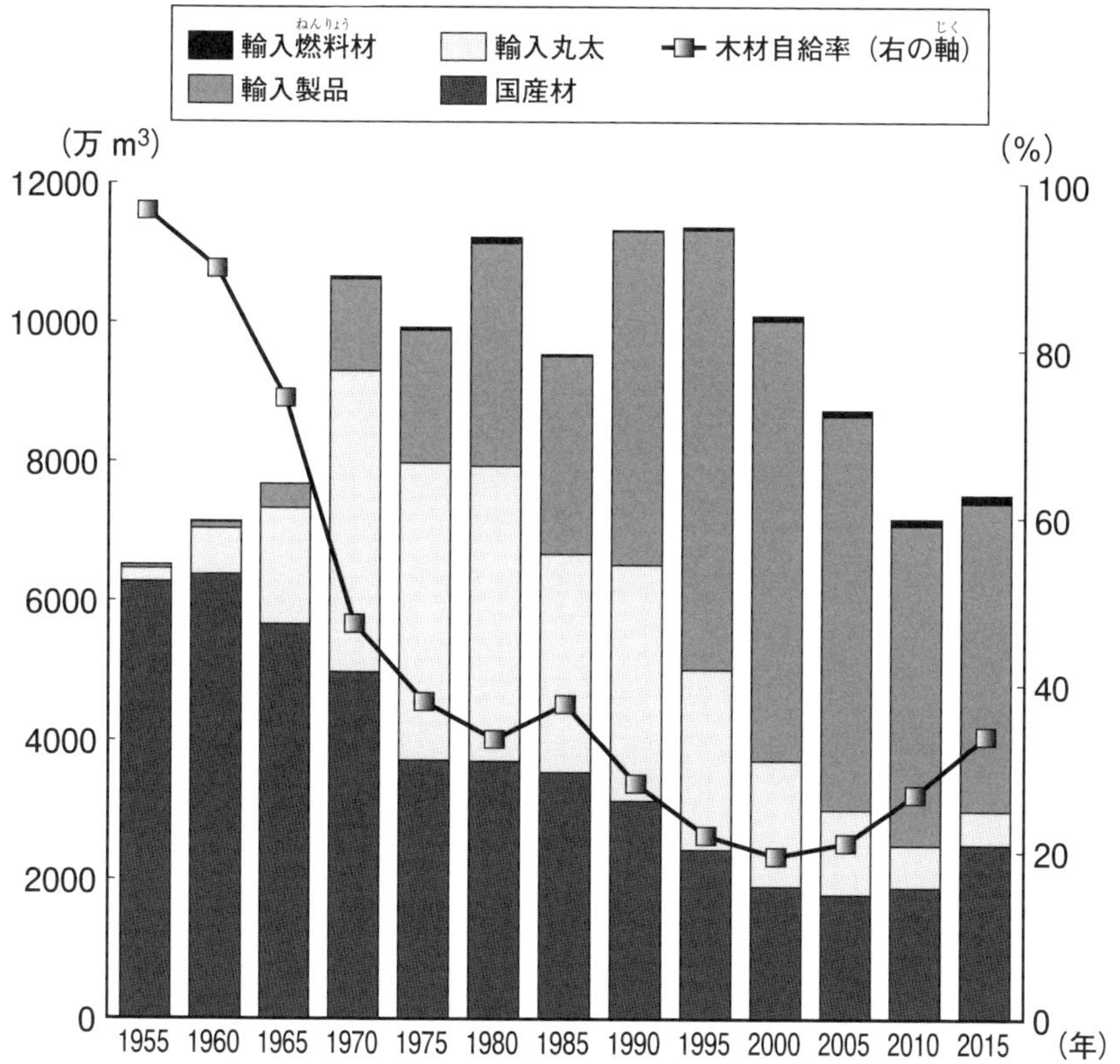

〈出典：林野庁「平成27年 木材需給表」2016より作成〉

現在《げんざい》（二〇一六年）の木材自給率《もくざいじきゅうりつ》は約《やく》三二パーセントということですが、関税《かんぜい》をゼロにしてからちょうど五〇年ほどたった今、日本で林業を行ってお金をもうけることは、とても難《むずか》しいことになってしまっています。

一例《いちれい》をあげましょう。

みなさんは驚《おどろ》くかもしれませんが、今の木材の価格《かかく》は一九五〇年と同じくらいなのです。植えてから五〇年もたったスギの木が、山に立っている状態《じょうたい》（伐《き》って材木にする前の状態）で一本約七〇〇〇円です。「そんな、ばかな」と思うかもしれませんが、本当です。

金額《きんがく》としては、一九五〇年当時の一日当たりの賃金《ちんぎん》（日当）が二四〇円ぐらいでしたから、スギ一本の値段《ねだん》は、およそ三日分の賃金と同じぐらいでした。現在では、日当は一万五〇〇〇円前後ですので、スギ一本は、日当の約二〇分の一になってしまったことになります。

視点《してん》を変《か》えて見ると、一九五〇年の五〇年生のスギの木の価値《かち》は今のおよそ六〇倍だったともいえます。また、現在の日当から考えると、一万五〇〇〇円の三日分ですから、一本四万円から五万円の価値があったということです。すごいですね。

しかし、当時は木をどんどん伐っていましたから、たくさん売りたいと思っても五〇年もたった木はあまりなかったのです。今は反対に、価格は安いですけれど、五〇年生の木はいっぱいあります。

後継者《こうけいしゃ》

私はここ十数年、毎年植樹祭《しょくじゅさい》に参加しています。植樹祭の前日には、林業を未来《みらい》へつないでいくために、「全国林業後継者大会」が開かれ、交流会や研究発表会などが行われています。後継者の若者《わかもの》たちが、気持ちを新たにして未来の林業に取り組んでいこうという決意を高める場になっています。

最近《さいきん》は、大会へ参加する人たちの顔ぶれがだいぶ変《か》わってきました。以前《いぜん》は、私《わたし》のような林業家ばかりでしたが、木材《もくざい》の価格《かかく》が下がり、林業が窮地《きゅうち》に立たされている現在《げんざい》、森林を持っている後継者《こうけいしゃ》は減《へ》ってしまいました。その代わり、I《アイ》ターン（自分の住んでいる場所以外《いがい》の場所で就職《しゅうしょく》すること）やU《ユー》ターン（進学などで出身地をいったん離《はな》れたあと、ふたたび出身地にもどって就職すること）で山村に来て、森林組合（75ページ参照《さんしょう》）や林業関連《かんれん》の会社などに勤《つと》めている人や、林業女子会（林業を学んだり、森林整備《せいび》をしたりしている女性《じょせい》たちの会）の女性、NPO《エヌピーオー》法人《ほうじん》（お金をかせぐことを目的《もくてき》としていない団体《だんたい》のこと）の人たちが含《ふく》まれるようになってきました。むしろ、それまでまったく林業にかかわりのなかった人たちの中に、林業の現状《げんじょう》を心配したり、林業に興味《きょうみ》をもったりして、山の仕事を選《えら》ぶ人が増《ふ》えているようなのです。

いずれにしても、一番必要《ひつよう》であり大切なことは、頭で考えるだけの人ではなく、山の現場《げんば》で汗《あせ》を流して手入れ作業をする人たちを集めることです。そこで国では、解決策《かいけつさく》の一つとして「緑の雇用《こよう》」という制度《せいど》を立ち上げました。

この制度は、林業の経験《けいけん》のない人でも、仕事につき、働《はたら》きながら必要な技《ぎ》術《じゅつ》を学ぶことができるようにするためのもので、都道府県《とどうふけん》が認定《にんてい》した会社に採用《さいよう》された人などに対して、研修《けんしゅう》や講習《こうしゅう》を行って能力《のうりょく》を高めてもらおうというものです。この制度では働いている年数によって研修内容《ないよう》をステップアップさせていき、将来《しょうらい》、一人前の林業人となるための多くの技術が身につけられるように、順序《じゅんじょ》立ててプログラムが作られています。

すばらしい制度ですので、多くの人に参加《さんか》してもらい、いずれ山でいっしょに働く人になってもらえることを望《のぞ》んでいます。このようにして後継者を育てていかなければ、日本の森林は将来取り返しのつかない悲惨《ひさん》な状況《じょうきょう》になってしまうからです。

後継者《こうけいしゃ》を育てなければ、美しい森林は保《たも》てません

現在《げんざい》の日本の森林

ここまで述《の》べてきたように、戦後《せんご》しばらくの間は、復興《ふっこう》のために木を伐《き》り過《す》ぎてしまったことから、日本の山はハゲ山が多くなりました。そこで国は、木を植える植樹祭《しょくじゅさい》などの運動を展開《てんかい》し、各地《かくち》で木を植え、木が育ちはじめました。しかし、その後、一九六〇年前後から日本の工業化がはじまり、燃料《ねんりょう》革命《かくめい》が起こったり、外国の木材《もくざい》が大量《たいりょう》に入ってきたりして、国産材《こくさんざい》の値段《ねだん》が下がったために、今度は山で働《はたら》く人がいなくなってしまいました。

つまり、第二次世界大戦《たいせん》のすぐあとは木を伐り過ぎて森林が危機的状況《ききてきじょうきょう》だったのですが、現在では山で働く人たちが少なくなって間伐《かんばつ》などの作業ができないことや、木を伐らないことから、山が危機的状況となっているのです。

現代《げんだい》の日本の森林は、車や電車の窓《まど》からながめても、あるいは歩きながらながめても、外から見ていると緑豊《ゆた》かで美しく見えます。しかし、針葉樹林《しんようじゅりん》か広葉樹林かを問わず、中に入ると、手入れがされていないために真っ暗な森が多くあります。このような森は、日が当たらないので下草や低木《ていぼく》が育たず、山の土に木がしっかりと根を張《は》っていないため、地盤《じばん》がゆるく、大雨が降《ふ》ると土砂《どしゃ》が流されるなどの悲惨《ひさん》な状況《じょうきょう》になっています。

手入れがされていない山では、野生動物による被害《ひがい》も深刻《しんこく》です。野ネズミは苗木《なえぎ》の幹《みき》の皮をむいてしまい、野ウサギは芽《め》を食べ、イノシシは根本を掘《ほ》ってしまいます。中でも、一番大きな被害を出しているのがシカです。角を幹《みき》にこすりつけて皮をむいたり、幼《おさな》い木のうちは茎《くき》の先にある芽を食べたりしてしまいます。クマは、春先などに太いりっぱな木の根本部分の皮をがばっとむいてしまうので、そんな木を見ると、本当にがっかりします。こうした被害をできるだけ少なくするためにも、人による手入れが必要《ひつよう》なのです。

さらに、自然災害《しぜんさいがい》も恐《おそ》ろしいものです。雷《かみなり》が落ちて木が裂《さ》けてしまったり、

シカによる害

雪の重さで折《お》れた木

近年は温暖化《おんだんか》の影響《えいきょう》で重く湿《しめ》った雪が降《ふ》るため、その重みで木が折《お》れたり、曲がったりします。

一方で、温暖化によって乾風害《かんぷうがい》は出なくなってきました。乾風害とは、冷たく乾《かわ》いた強い風が吹《ふ》いて植物の水分をうばい、枯《か》れさせてしまうことです。私《わたし》が山の仕事をはじめた当時は、植え付《つ》けて、ほぼ一〇〇パーセント根付いていた（活着といいます）苗《なえ》が、翌年《よくとし》春になると、日当たりの悪い北斜面《きたしゃめん》のものを中心に乾風害によって葉が真っ赤になり、全滅《ぜんめつ》するといったことがしばしばありました。

たとえば、二〇〇本の苗といえば、重さは五〇キログラムぐらいあります。それを毎日背負《せお》って二時間も三時間もかけて山に登ります。だんだんと疲《つか》れてきて、最後《さいご》は目から火が出るような大変《たいへん》な思いで現場《げんば》に着き、植え付けたところが全滅してしまうのですから、本当にがっかりしてしまいます。しかし、あきらめるわけにはいかず、また翌年も枯れた苗を抜《ぬ》いて植え直さなければなりません。非常《ひじょう》に地味で根気のいる作業が続《つづ》くのです。

けれども、何もなかった山の斜面全体に、緑の小さな苗が植え付けられたあとの景色《けしき》は美しく、なんともいえない達成感《たっせいかん》がありました。これらの苗が、やがて五〇年生、一〇〇年生の木となる出発点となるわけです。もちろんその間には、下草刈《が》りや枝打《えだう》ち、間伐《かんばつ》などの作業（第四章参照《さんしょう》）があるのですが、植え付けたばかりの苗に「がんばって大きくなれよ」と心の中で呼《よ》びかけたものです。

このように表面的《ひょうめんてき》には「緑の山」と一言で表される景色ですが、いろいろな被害《ひがい》の可能性《かのうせい》があることや、それを防《ふせ》ぐための苦労《くろう》があってはじめて、緑の山になっていることを知ってほしいと思います。

山仕事のお楽しみ、お弁当《べんとう》

林業では、何時間もかけて遠くの山へ行って仕事をすることが少なくありません。周囲《しゅうい》には、レストランはもちろん、コンビニエンスストアもスーパーマーケットもないような山の中です。

そんな現場《げんば》で働《はたら》く林業家の人たちにとって、大きな楽しみのひとつがお弁当です。みなさんも、遠足に行ったときに、自然《しぜん》の中で食べるお弁当が、いつもよりおいしいと感じたことがあるでしょう。同じように、汗《あせ》を流して思いっきり働いたあと、澄《す》み切った空気の中で、美しい景色《けしき》を見ながら食べるお弁当のおいしさは、体験《たいけん》した人にしかわからないかもしれません。

第三章　森林の働き

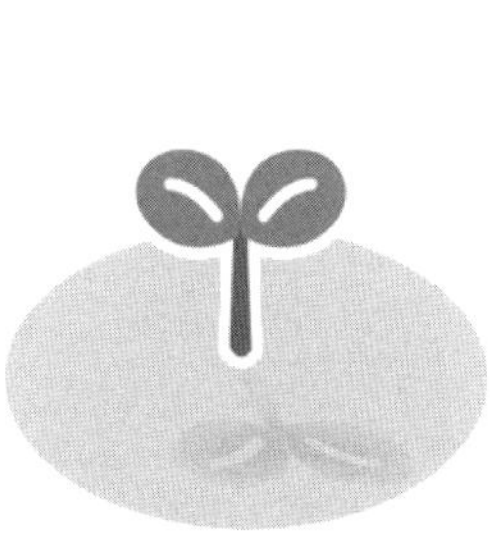

日本の樹木分布《じゅもくぶんぷ》

前章でも述《の》べましたが、日本は国土の三分の二が森林です。気候《きこう》は温暖《おんだん》で雨が多く、植物が育つには最適《さいてき》です。南北に長い日本列島は、亜熱帯《あねったい》から亜寒帯までの気候帯に属《ぞく》し、およそ一五〇〇種類《しゅるい》もの樹木が生育しています。島国であり、ユーラシア大陸《たいりく》と太平洋の間に位置《いち》しており、夏は太平洋高《こう》気圧《きあつ》により高温多湿《たしつ》で、冬は日本海側《がわ》は豪雪《ごうせつ》、太平洋側は乾燥《かんそう》した季節風《きせつふう》に見舞《みま》われます。

日本の樹木の分布を見るとき、沖縄《おきなわ》から北海道までを、どれだけ北にあるか（緯度《いど》というもので表します）で区切る水平分布と、土地の高さによって区切る垂直《すいちょく》分布があります。一〇〇メートル高くなるごとに〇・六度気温が下がるといわれるように、土地の高低差《こうていさ》による環境《かんきょう》のちがいもあるからです。

こうしたちがいによって、そこで生育している植物も変《か》わってくるわけです。たとえば東京都では、標高《ひょうこう》一〇〇〇メートルぐらいの高い場所へ登らないと、ブナの木が生えているのを見ることはできませんが、秋田では海岸の近くでも見られるといったぐあいです。

では、それぞれどんな木が生えているのかを、水平分布の暖《あたた》かい方から、かんたんに紹介《しょうかい》しましょう。

＊亜熱帯

ガジュマル、アコウ、木生シダ類《るい》のほか、海岸ではマングローブとともに、カシ類やシイ、タブノキなどの広葉樹も混《ま》ざって生育しています。奄美《あまみ》や沖縄にかけての南西諸島《しょとう》や小笠原《おがさわら》などの地域《ちいき》です。

＊暖温帯（温帯のうち、亜熱帯に近い地帯）

タブノキやクス、ツバキなど、常《つね》に緑の葉をつけた広葉樹が多く生育しています。これらの木は葉が厚《あつ》く表面が光っているため、照葉樹《しょうようじゅ》ともいいます。宮崎県《みやざきけん》の綾《あや》の照葉大吊《てるはおおつ》り橋からながめる照葉樹林が有名ですが、九州や四国、関東《かんとう》より西の低地《ていち》から丘陵地《きゅうりょうち》、低山帯《ていざんたい》などの地域《ちいき》となります。

＊冷温帯《れいおんたい》（温帯のうち、亜寒帯《あかん》に近い地帯）

ブナ、トチ、カツラ、カエデ類《るい》など、秋から冬にかけて葉を落とす広葉樹と、ウラジロモミやツガなどの針葉樹《しんようじゅ》が主なものです。

東北や、本州中部の山岳《さんがく》地帯などがこの地域に当たり、私《わたし》の住んでいる檜《ひの》原村《はらむら》もこの中に位置《いち》しています。

＊亜寒帯

北海道ではエゾマツ、トドマツなど、冬でも葉を落とさない常緑《じょうりょく》針葉樹と呼《よ》ばれる木が多くなります。

垂直分布《すいちょくぶんぷ》では、本州中部・近畿《きんき》・四国の山などでも含《ふく》まれる地域があり、ダケカンバ、ミネカエデ、ナナカマドなどの混《ま》じった林をつくっています。

＊寒帯

水平分布《ぶんぷ》で見ると、日本の平地には寒帯に属《ぞく》している地域はありませんが、標高《ひょうこう》の高いところでは、寒帯の気候《きこう》になるところがあります。このような場所は、木は生えていても森林にはならないため、「森林限界《げんかい》」と呼《よ》ばれます。背《せ》が低《ひく》く地面をはうようにして生えるハイマツなどが見られますが、北海道では、標高《ひょうこう》一〇〇〇メートルぐらいの地域が森林限界です。日本アルプスでは、運がよければ、特別天然記念物《とくべつてんねんきねんぶつ》に指定されているライチョウに会えるかもしれません。

このように、日本列島には南から北まで、さまざまな樹木《じゅもく》が分布していて、このことが日本の特徴《とくちょう》のひとつとされています。区分といっても、もちろんきっちりと分かれているわけではなく、一部にはいろいろの種類《しゅるい》の木が混ざりながら育っています。

〈出典：農林水産省HP（http://www.maff.go.jp/j/pr/aff/0910/spe1_02.html）を参考に作成〉

日本の
樹《じゅ》木《もく》分《ぶん》布《ぷ》

- 寒　帯（低木林《ていぼくりん》・ツンドラ）
- 亜《あ》寒《かん》帯《たい》（常緑針葉樹林《じょうりょくしんようじゅりん》）
- 冷《れい》温《おん》帯《たい》（落葉広葉樹林）
- 暖《だん》温《おん》帯《たい》（照葉樹林《しょうようじゅりん》）
- 亜《あ》熱《ねっ》帯《たい》（亜熱帯林）

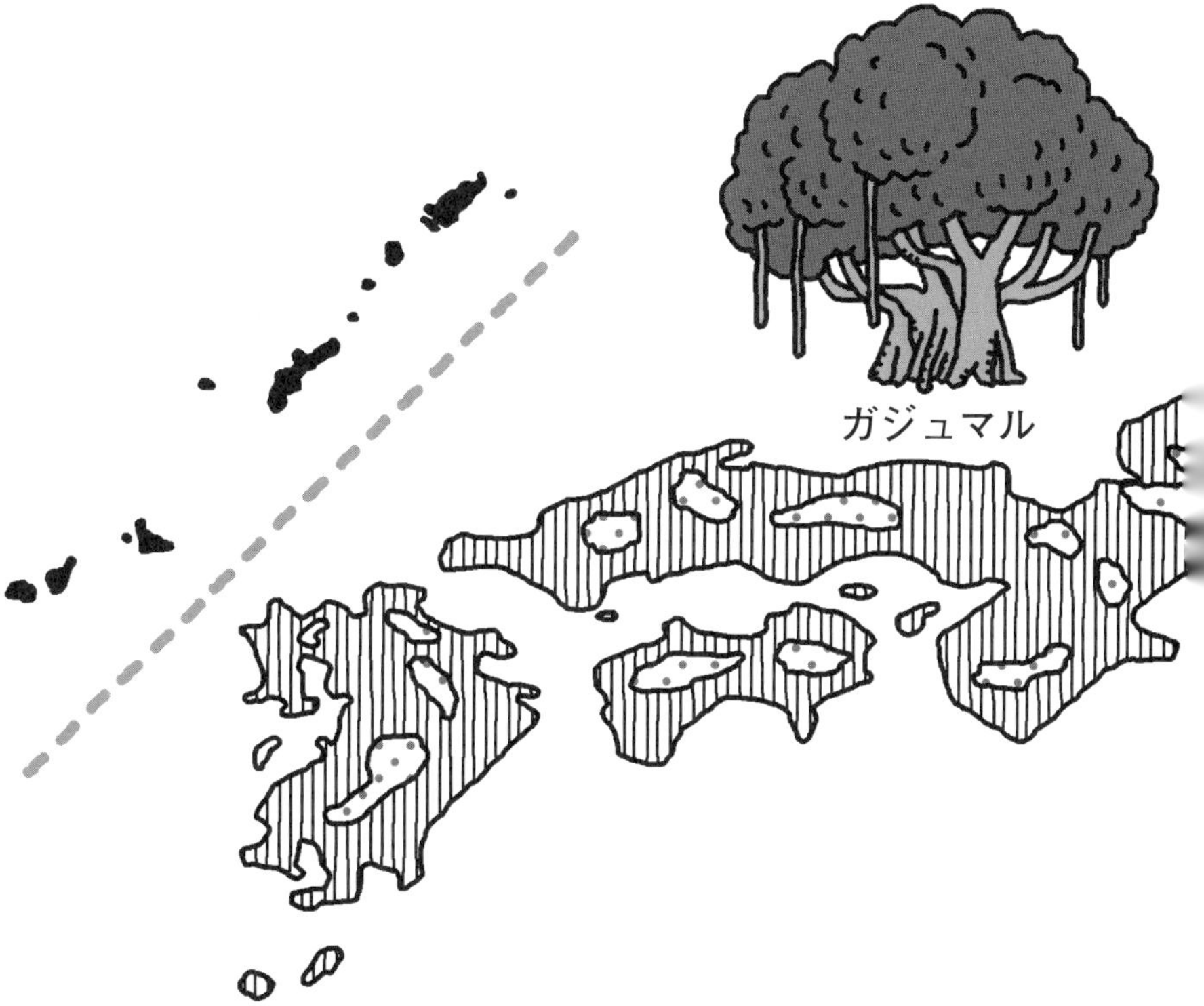

木の文化と再生可能《さいせいかのう》エネルギー

このように、日本の国土には南から北まで多種多様《たしゅ》な種類《しゅるい》の木が育っています。そんな環境《かんきょう》にあるため、人々《ひとびと》は生活の中で自然《しぜん》と木を使用し、木と共《とも》に生きてきました。それが日本人です。一方ヨーロッパなどは、石の文化ともいわれ、建物《たてもの》などは石で造《つく》られたものが中心です。

日本では、古くは縄文《じょうもん》の昔、青森県の三内《さんない》丸山遺跡《いせき》の調査《ちょうさ》からも、当時すでに木を使った大きな建造物《けんぞうぶつ》があったことがわかっています。みなさんも、神社やお寺をはじめ、住宅《じゅうたく》や生活道具、工芸品《こうげいひん》など、木で作られたものを思い浮《う》かべてください。たくさんあることに気づくでしょう（口絵参照《さんしょう》）。

しかし、燃料革命《ねんりょうかくめい》以降《いこう》は石油から作る製品《せいひん》が増《ふ》えてきて、昔は木で作られていたものが次々《つぎつぎ》とプラスチックなどに置《お》き換《か》えられてきました。特《とく》に建物は、火災《かさい》に強いとして、鉄筋《てっきん》コンクリート造りがさかんに奨励《しょうれい》された時代も

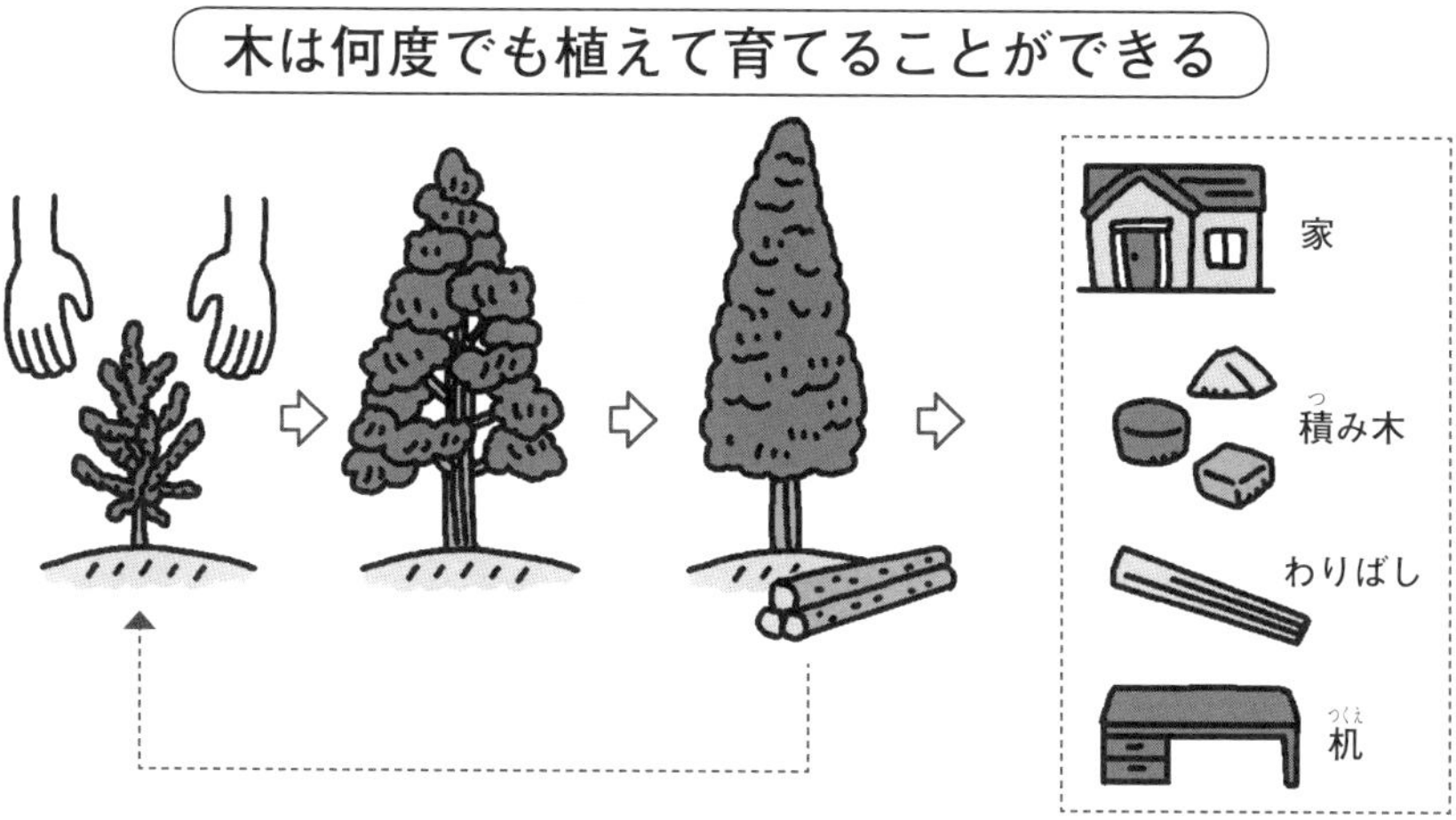

ありました。しかし最近《さいきん》、燃《も》えない木材《もくざい》の研究が進んだり、耐震性《たいしんせい》に優《すぐ》れた設計方法《せっけいほうほう》が開発されたりすることにより、公共《こうきょう》の三階建《だ》て以下《いか》のものは積極的《せっきょくてき》に木造《もくぞう》の建物にしなさい、といった通達《つうたつ》が国から出されるようになってきました。実は、ふたたび木の文化が注目を集めているのです。

その理由は、石油や石炭などのエネルギー資源《しげん》は、このまま使い続《つづ》けていくと近い将来《しょうらい》にはなくなってしまいますが、木はまた植えて育てることができる、再生産《さいせいさん》が可能なエネルギー資源だからです。また、石油などは燃《も》えるときにたくさんの二酸化炭素《にさんかたんそ》を出して空気を汚《よご》すだけですが、木には、二酸化炭素《にさんかたんそ》を吸収《きゅうしゅう》する性質《せいしつ》があり、環境《かんきょう》にやさしいという面もあります。

身近に手に入る資源《しげん》として、また、環境を考えるうえでも、日本人にとって木はなくてはならないものです。美しい森林をつくり、木材《もくざい》として使う、そうしてまた再生《さいせい》する。自然《しぜん》界の一員である人間として、環境を守ることは当然《とうぜん》のことですし、これからも木を上手に使っていきたいものです。

森林が環境を守る働《はたら》き

このように森林は、私《わたし》たちに多くのめぐみを与《あた》えていますが、空気以外《いがい》にも、森林がなくなってしまうと大変《たいへん》なことが起こります。

たとえば、第二章でもふれたように、土砂災害《どしゃさいがい》があります。みなさんは、台風や大雨のあとなどに、山の斜面《しゃめん》が土砂くずれを起こし、道路をふさいで被害《ひがい》を与えている映像《えいぞう》をテレビなどで見たことがあるでしょう。山の土砂くずれは、地形や地質《ちしつ》の問題のほかに、樹木《じゅもく》がしっかりと大地に根を張《は》っていないことが原因《げんいん》で起こることがあるのです。木が土砂や岩石などにしっかりと根を張り、地盤《じばん》をつかんで固《かた》めていれば、土砂がくずれ落ちることを、ある程度未然《ていどみぜん》に防《ふせ》ぐことができます。

また、林床《りんしょう》が下草や低木《ていぼく》、あるいは落ち葉などでおおわれ、手入れがされている山は、大雨が降《ふ》っても、水が一気に地表を流れ落ちたり、山の土が水に削《けず》り取られたりすることが少なくてすみます。木の根が張り、落ち葉などでおおわれた豊《ゆた》かな森の土は、スポンジのように雨水を地中にためておくことができるからです。そのような土は、たくわえた水の不純物《ふじゅんぶつ》を吸着《きゅうちゃく》しながらきれいにし、少しずつ河川《かせん》に送り出します。

(しかし、森林があるからといって安心ばかりはしていられません。森林が保《たも》てる限度《げんど》以上の大雨が降った場合には、大量《たいりょう》の水が川へ流入するのを、遅《おく》らせることはできても、食い止めることはできないということも知っておい

てほしいと思います）

森林の中でも、特《とく》に私《わたし》たちが安全で快適《かいてき》に暮《く》らしていくために重要《じゅうよう》な役割《やくわり》を果《は》たしている場所を、国や都道府県《とどうふけん》では〈保安林《ほあんりん》〉として指定しています。〈保安林〉に指定されると、その役割が損《そこ》なわれないように、自由に木を伐《き》ることを制限《せいげん》したり、手入れをしたりして管理《かんり》することになります。

〈保安林〉は、その目的《もくてき》によって一七種類《しゅるい》に分けられています。少し紹介《しょうかい》しますと、もっとも多いのが水源《すいげん》かん養《よう》保安林、次が土砂《どしゃ》流出防備《ぼうび》保安林です。そのほか、防風《ぼうふう》保安林、防雪《ぼうせつ》保安林、防火《ぼうか》保安林、海岸近くにある魚つき保安林、保健《ほけん》保安林などがあります。それぞれ、どのような役割をもっているのか、調べてみるとよいでしょう。

また、前に述《の》べたように森林は、大気中の二酸化炭素《にさんかたんそ》を吸収《きゅうしゅう》することができる性質《せいしつ》によって、地球の温暖化《おんだんか》防止にも役立っています。石油などを燃《も》やすときに大量《たいりょう》に出る二酸化炭素は、量が増《ふ》えると地球の温度を上げる「温室効果《こうか》ガス」のひとつとされ、その増加《ぞうか》が世界的《せかいてき》な問題となっているのです。

内閣府《ないかくふ》の「森林と生活に関する調査《ちょうさ》」によると、国民が森林に期待するものとして、これまで述べたもののほかに、次のページのようなものがあります（図6参照《さんしょう》）。この表を見ると、時代によって人々《ひとびと》が森林に期待するものが変《か》わってきていることがわかると思います。

また、日本学術会議《がくじゅつかいぎ》では、二〇〇一年に森林の働《はたら》きをわかりやすくするために、お金に置《お》き換《か》えた評価《ひょうか》をしています（図7参照）。これらだけでも年間七〇兆円《ちょうえん》以上《いじょう》にもなるわけです。表にあるものとは別《べつ》に、木材《もくざい》や山菜《さんさい》、キノコなど、森林から収穫《しゅうかく》できるものの生産額《せいさんがく》は、当時で六七〇〇億円《おくえん》とされていますので、一ヘクタール当たりで計算すると、森林が生み出す価値《かち》は、年間約《やく》二八〇万円にもなることになります。

森林はすごい働きをしているのですね。

図6　国民が森林に期待する役割《やくわり》の移《うつ》り変《か》わり

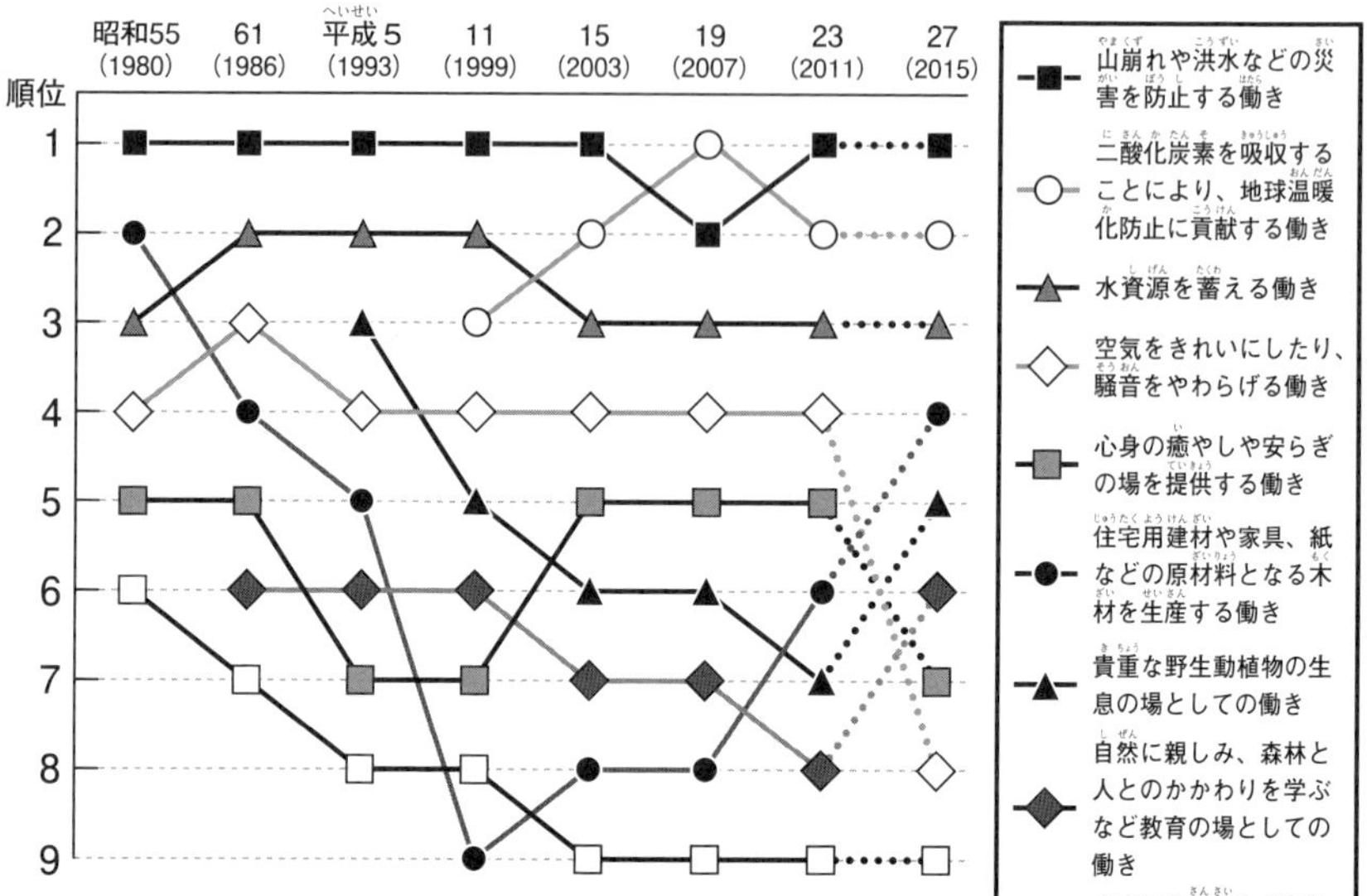

注１：回答は、選択肢の中から３つを選ぶ複数回答である。
　２：選択肢は、特にない、わからない、その他を除き記載している。
資料：略

〈出典：林野庁編「平成28年版 森林・林業白書」全国林業改良普及協会、2016（一部改変）〉

図７　環境資源《かんきょうしげん》としての森林の働きをお金に置《お》き換《か》えた場合の金額《きんがく》

森林の機能《きのう》	評《ひょう》 価《か》 額《がく》
表面浸食《しんしょく》防止（雨で地面が流れるのを防《ふせ》ぐ）	28兆《ちょう》2,565億円《おくえん》／年
水質浄化《すいしつじょうか》（水をきれいにする）	14兆6,361億円／年
水資源貯留《ちょりゅう》（水をたくわえる）	8兆7,407億円／年
表層崩壊《ひょうそうほうかい》防止（土砂くずれを防ぐ）	8兆4,421億円／年
洪水緩和《かんわ》（洪水をやわらげる）	6兆4,686億円／年
保健《ほけん》・レクリエーション	2兆2,546億円／年
二酸化炭素吸収《きゅうしゅう》	1兆2,391億円／年
化石燃料代替《ねんりょうだいたい》（エネルギー）	2,261億円／年
合　計	70兆2,638億円／年

〈出典：「地球環境・人間生活にかかわる農業及び森林の多面的な機能の評価について（答申）」日本学術会議、他関連資料、2001（一部改変）〉

第四章　木を育て、森林をつくる

日本の森林を守り育てるしくみ

第二章で述《の》べたように、日本の森林は、国有林と民有林《みんゆうりん》に分かれています。今、人手不足《ぶそく》や木材《もくざい》の価格《かかく》が上がらない中、私《わたし》のように個人《こじん》で林業を行っている者はほんの一握《ひとにぎ》りになってしまいました。

森林を持っていても、経済的《けいざいてき》な価値《かち》がないということで、最近《さいきん》は、自分の山がどこにあるのか、境界線《きょうかいせん》すらわからないという人たちが多くなっています。そして、手入れもされずにそのまま放置《ほうち》されている山が目立ってきました。このまま、さらに世代交代が進んでいくと、ますますわからなくなっていくことが予想されます。このようなことは、あってはならないことです。

では、このような森林の管理《かんり》はどうなっているのでしょうか。

農業には農業協同組合《きょうどう》（農協）があり、漁業《ぎょぎょう》には漁業協同組合（漁協）がありますが、林業では林業協同組合ではなくて、各地《かくち》に森林組合という名前の組織《そしき》があり、個人の森林所有者がお金を出し合って、山の管理や情報提供《じょうほうていきょう》をしています（すべての所有者が組合に入っているわけではありません）。

では、なぜ林業協同組合ではないのでしょうか。「林業」というと営利《えいり》を目的《もくてき》とした組合ということになりますが、「森林」とすることで、森林所有者だけではなく、広く一般《いっぱん》の人々《ひとびと》に対しても恩恵《おんけい》を与《あた》えているものだといった、幅広《はばひろ》い考え方に立った名前ではないかと私は考えています。

そして、多くの森林組合において、組合員に頼《たの》まれたり、あるいは組合から声をかけたりして、手入れの遅《おく》れた山に入り、作業を行って森林を守っているわけです。

つまり、組合の中に、林業を行う技術者《ぎじゅつしゃ》たちがいるわけですが、人手が十分とはとても言えません。本来ならば森林を持つ者が、自分たちの力で森林を守り育てていかなければならないのですが、主な収入《しゅうにゅう》となる木材《もくざい》の価格《かかく》がとても低《ひく》い現在《げんざい》では、国や都道府県《とどうふけん》などから「補助金《ほじょきん》」というかたちでお金をいただきながら山を守っているのが現状《げんじょう》です。

補助の一例《いちれい》が森林環境税《かんきょうぜい》です。森林環境税とは、人間の暮《く》らしにとって大切な森林を次世代へ伝《つた》えていくために、その整備《せいび》や保全《ほぜん》作業を行うことを目《もく》的《てき》に集められる税金《ぜいきん》のことです。高知県が二〇〇三年に、国に先がけて全国で最初《さいしょ》に導入《どうにゅう》しました。二〇一六年六月現在、すでに三五の県で実施《じっし》されていますが、遅《おく》ればせながら国としても、今後取り入れていくために、国会で話し合うことになっています。

林業の仕事

ここからは林業の仕事内容《ないよう》について、少し詳《くわ》しく紹介《しょうかい》していきましょう。

私の父は学校の先生でしたので、わが家の山に関《かん》しては、事務的《じむてき》な管理《かんり》だけを行い、現場《げんば》へは行きませんでした。その代わり、私より二〇歳《さい》ほど年上のいとこの兄弟が、責任者《せきにんしゃ》として技術的《ぎじゅつてき》なことを一切行っていました。ですから私は、作業については彼《かれ》らに教わってきました。いとこたちには、大変《たいへん》感謝《かんしゃ》しています。

一方で、林業に対する心がまえや経営《けいえい》などについては、小さいころから祖《そ》父《ふ》にそれとなく教わりながら育ってきました。木は伐《き》ったらそのあとへ必《かなら》ず新しい木を植えなければならないとか、山を買うなら道のあるところを買えとか、祖父から教わったことは、今でもはっきりと覚《おぼ》えています。祖父は一九八一年、私が三四歳のときに九三歳で亡《な》くなりました。一本の木を育てるために長い時間を必要《ひつよう》とする林業は、まさしく代々《だいだい》受け継《つ》いでいかねばならない家業ですから、わが家の歴史《れきし》や持っている山の様子、心がまえなどは、先祖《せんぞ》から聞いたことがベースになって、今につながっているのです。

さて、林業の仕事にもいろいろありますが、大きく分けて、植え付《つ》け前の整備《せいび》と植林を行う「造林《ぞうりん》」と、木を育てる「育林」、そして伐《き》って運び出す「素材生産《そざいせいさん》」の三つになります。かつては、林業といえば、一般的《いっぱんてき》に造林と育林を指していましたが、時がたつにつれて、木を搬出《はんしゅつ》するところまでを含《ふく》めるようになってきました。

林業家は、一般の会社でいえば経営者《けいえいしゃ》に当たります。自分が持っている山に木を植えて育て、五〇年とか六〇年とかたったら、一本ずつ胸《むね》の高さの直《ちょっ》径《けい》を測《はか》って（「毎木調査《ちょうさ》」といいます）、全体の材積《ざいせき》を出し、材木《ざいもく》屋さんや素材業者の人に売ります。業者の人は購入《こうにゅう》した山の木を伐り出して、丸太を集め、市場まで運搬《うんぱん》します（ここまでが、「林業」の仕事とされています）。

このあと、市場でせりが行われ、一番高い値段《ねだん》をつけた製材所《せいざいしょ》に丸太が売られて、柱や板に加工《かこう》され、住宅《じゅうたく》を建《た》てる資材《しざい》などになります。

さて、樹木《じゅもく》が伐採《ばっさい》された山は裸山《はだかやま》ですので、そこへまた苗木《なえぎ》を植え付けることになりますが、このようなところが、石油や天然《てんねん》ガスなどとちがうところなのです。つまり樹木は、採《と》りきれば終わりというものではなく、生産をくり返すことができる、地球上の大切な再生産《さいせいさん》可能《かのう》な資源《しげん》なのです。

では、実際《じっさい》の作業を順番《じゅんばん》に見ていきましょう。

○地ごしらえ

まず、木を植える前には、前の木を伐ったあとに散乱《さんらん》している枝《えだ》や葉を整理して、新しい木を植えやすくしたり、植林後の作業をしやすくしたりするための、「地ごしらえ」という作業があります。

一九六五年ごろまでは、枝や葉などへ火を付けて、一気に燃《も》やしてしまう方法《ほうほう》もとられていました。スケールの大きな焚《た》き火みたいなもので、「山焼《やまや》き」

といいます。近年、山焼《やまや》きは、ほかの山へ飛《と》び火をして火事にならないように目配りをする人がいなくなったことや、危険《きけん》をともなうこと、そのために消防署《しょうぼうしょ》の許可《きょか》を必要《ひつよう》とすることなどから、ほとんど行われなくなりました。

山焼きをしたあとには何も残《のこ》らないので、地面がさっぱりときれいで、その後の作業はやりやすかったものです。ただ、地面が乾《かわ》きすぎて、乾いた土がサラサラと流れ落ちてしまうなどの問題点もありました。

現在《げんざい》では、山焼きは山口県秋吉台《あきよしだい》のカルスト台地や奈良《なら》の若草山《わかくさやま》などに残っているだけです。テレビでその様子が放映《ほうえい》されることがあるので、見たことがある人もいるでしょう。

ちなみに斜面《しゃめん》を燃《も》やす場合、火は上へ上へと行く性質《せいしつ》があるため、一番下に火を付《つ》けてから燃やしはじめると大きな火になってしまいます。そこで、はじめに上に付けてからだんだんと下に下ろしていくようにします。

ちょっと横道《よこみち》に入りますが、かつて日本の農業においても、地表を燃やした跡地《あとち》でアワやヒエ、ソバなどの作物を一定期間栽培《さいばい》するといったことが行われていました。「焼き畑農業」といいます。

東南アジアやアマゾン川流域《りゅういき》などにはまだその方法《ほうほう》が残っていて、熱帯雨《ねったいう》林《りん》を伐採《ばっさい》し、焼き畑農業を行っています。ただ、原住民《げんじゅうみん》が行っているような小規模《しょうきぼ》なものならいいのですが、大企業《だいきぎょう》がお金を出し、広大な森林を伐採《ばっさい》して燃やしてしまう焼き畑は、その煙《けむり》が宇宙飛行士《うちゅうひこうし》からも見えるほど大規模なものだといい、問題となっています。森林火災《かさい》もそうですが、あまりに広い森林を焼いてしまうと、地球全体の二酸化炭素《にさんかたんそ》の吸収力《きゅうしゅうりょく》が落ちてしまうことが考えられ、地球環境《かんきょう》に悪い影響《えいきょう》が出てくるはずだからです。

地球の森林面積《めんせき》は、一万年前に比《くら》べて全体で約《やく》三〇パーセントも減少《げんしょう》しているそうです。森林が減少すると、二酸化炭素の量《りょう》が増《ふ》え、地球の気温が上がっていくことにつながります（105ページ参照《さんしょう》）。

地ごしらえされた山

一部の地域《ちいき》に残《のこ》る山焼《やまや》きの様子（静岡県《しずおかけん》細野高原）

また、フィリピンやインドネシアでは、海岸林のマングローブが伐採《ばっさい》され、エビなどの養殖場《ようしょくじょう》に変《か》わってしまっているところもあります（ちなみに、そのエビの多くは日本へ輸出《ゆしゅつ》されているそうです）。

二〇〇〇年から二〇一〇年までの調査《ちょうさ》では、世界中で一年間に約《やく》五二〇万ヘクタールほどの森林が減少《げんしょう》したそうです。つまり、毎年、日本列島《れっとう》の一四パーセントぐらいの森林が減《へ》っていっているということになります（「世界の森林を守るために」*環境省《かんきょうしょう》ホームページ、二〇一六年）。大変《たいへん》なことですね。

なぜ、そんなにも木が伐《き》られているのでしょうか。それは、世界の人口が爆発的《ばくはつてき》に増《ふ》えているからというのが、大きな原因《げんいん》のひとつです。そのため、食料《しょくりょう》を確保《かくほ》しなければならず、森の木を伐って農地などに変えているのです。その中には、違法《いほう》伐採といって、その国の法律《ほうりつ》に違反《いはん》して行われているものや、伐ってはいけない地域《ちいき》や種類《しゅるい》の木を伐っているもの、あるいは、こっそり行われている盗伐《とうばつ》なども含《ふく》まれています。

ちなみに、インドネシアでは、約《やく》五〇パーセントの伐採《ばっさい》が違法《いほう》なものと考えられており、ロシアでも約二〇パーセントの木材《もくざい》が違法伐採によるものとされています（「世界の森林を守るために」環境省《かんきょうしょう》ホームページ、二〇一六年）。日本では、このような問題に対応《たいおう》するため、「法律《ほうりつ》を守っていること」や「持続可能《じぞくかのう》なこと（伐《き》ったあとにまた植えることができる状態《じょうたい》であるということ）」が証明《しょうめい》された木材や木材製品《せいひん》を、優先的《ゆうせんてき》に購入《こうにゅう》しています。

さて、作業の話にもどりますと、現在《げんざい》、地ごしらえで一番多いのは、巻《ま》き落としという方法《ほうほう》で、枝《えだ》や草、つる類《るい》を、背丈《せたけ》ほどの棒《ぼう》を使って上から下へと巻き込《こ》みながら落とすものです。二〇メートルほど落としたら横の列にならべて、根株《ねかぶ》や杭《くい》などで止めます。次はその下からまた下方に同じことを行っていきます。遠くから見るとしま模様《もよう》のようになります（82ページ参照《さんしょう》）。

また、山焼《やまや》きのように有機物《ゆうきぶつ》を燃《も》やしてしまうのではなく、じゃまになる枝や葉をチェーンソーで細かく切ってその場に残《のこ》しておき、土が乾《かわ》かないようにする方法や、さらには腐《くさ》らせることによって肥料《ひりょう》になるようにする方法など、ほかにもいくつかの方法があります。

いずれにしても、木を植え付《つ》ける前の地面の清掃《せいそう》作業が、地ごしらえだと思ってもらえばよいと思います。

（＊ https://www.env.go.jp/nature/shinrin/index_1_1.html）

○植林（植え付け）

地ごしらえを終えると、九州などの暖《あたた》かい地域《ちいき》では二月ごろから植え付けがはじまります。私《わたし》が住む地域では、あまり早く植えると、まだ地面の温度が上がっていないので活着が良《よ》くありません。それで、三月下旬《げじゅん》ごろからはじめることが多いです。そして、できればあまり暑くならない六月中旬《ちゅうじゅん》ぐらいまでに、植え付け作業を終わらせるようにしています。

苗木《なえぎ》は、一般的《いっぱんてき》に、林業地の周辺《しゅうへん》で苗木を専門《せんもん》に育てている業者から仕入れます。苗木《なえぎ》には、種子《しゅし》をまいて育てる「実生苗《みしょうなえ》」というものと、親木の性《せい》質《しつ》をそのまま受け継《つ》ぐ「挿《さ》し木苗」というものがあります。九州では挿し木苗が主流ですが、私《わたし》のところも含《ふく》めてほかの地域《ちいき》では実生苗が多いです。

苗木はふつう四五センチメートルぐらいの丈《たけ》です。購入《こうにゅう》した苗木をそのまま山に持っていって植え付《つ》ける場合もありますが、「仮植《かしょく》」といって、畑や山の、土を耕《たがや》した場所に一時的《てき》にまとめて植えておき、そこからその日に植え付ける本数を束《たば》ねて山へ持っていくこともあります。

ケヤキなどの広葉樹《こうようじゅ》は、三月の彼岸《ひがん》（春分の日）前後、新芽《しんめ》が開かないうちに植え付けるのが一番です。スギやヒノキは植え付けやすく枯《か》れにくい木ですが、あまり長く晴れが続《つづ》いたときには作業を休んで、雨が降《ふ》ってから植え付けを行います。

植え付けのときには、苗木の根を乾《かわ》かさないように、ふくろに入れて大事に運びます。私はペットボトルに水を入れておき、植え付ける前に水をかけてからはじめるようにしています。

一人、一日二〇〇本ほど植え付けるのですが、遠い山になると、そこに行くだけで半日近くかかったりするため、まずは昼食をとってから植え付けはじめるといったこともあります。それでも、持っていった分の苗は植えきらないと帰ることができないので、午後の作業は一生懸命《けんめい》です。

新人ではコツがつかめていないので、最初《さいしょ》はベテランの三分の一ぐらいの本数しか植え付けできません。追いつくためには休みなしで植えるので、くたくたになります。しかし、そうしたことをくり返すことで一人前になっていくのです。

どんな山仕事もそうですが、最初《さいしょ》のうちは、仕事が変《か》わると筋肉《きんにく》が痛《いた》んで、どうしようもありません。運動会や山への遠足などで、みなさんもそのような経験《けいけん》をしたことがあると思います。

苗《なえ》を植え付《つ》けるには、まずトウガというクワや、片方《かたほう》がとがっているバチツルという道具を使い、地面に穴《あな》を掘《ほ》ります。根がかくれる程度《ていど》の深さでよいのですが、その中に絶対《ぜったい》に落ち葉やゴミを入れないようにします。植えたあとに根の周《まわ》りが乾《かわ》いてしまうからです。

次に、穴に苗を入れて土をかけ、かたく踏《ふ》みしめます。こうすることによって、土と根が密着《みっちゃく》するわけです。このあとうまく活着するかどうかは天候《てんこう》しだいで、植え付けたあとに雨が降《ふ》れば最高《さいこう》です。

ところで、木はどこでもかまわずに植え付けるわけではありません。たとえばスギは、深根性《しんこんせい》といって根を下へ伸《の》ばしますので、根が深く伸びることができるところでないと大きく育ちません。山の下の方とか、窪地《くぼち》などが適《てき》しています。逆《ぎゃく》にヒノキは、浅根性《せんこんせい》といって根は横方向に伸びますから、尾《お》根《ね》などでも育ちます。どんな木をどこへ植えるかを決めるときには、「この草や木が生えているからスギにしよう」とか「ヒノキにしよう」とか決める目安にするための植物（指標《しひょう》植物といいます）を探《さが》したりします。「適地適木《てきちてきぼく》」という言葉があり、その場所に適した木を植えることが一番大事です。また、ひとくちにスギ、ヒノキといっても、稲《いね》にササニシキやコシヒカリがあるのと同じで、それぞれにたくさんの種類《しゅるい》があります。スギの場合、大きく分けて日本海側《がわ》（裏杉系統《うらすぎけいとう》）のものと太平洋側（表杉系統）のものでも種類がちがいます。たとえば、雪の多いところのスギは雪が付きにくいように枝が下に向いていたり、葉が閉《と》じていたりしています。そういった種類《しゅるい》のちがいによっても、植え付《つ》ける場所がちがってくるわけです。

また、苗木《なえぎ》を植えるときには、仮植《かしょく》でもそうですが、木の向きも大切になります。特《とく》にヒノキには表と裏《うら》があり、表を谷側《たにがわ》に向けて植えないと生育にも影響《えいきょう》があります。

私《わたし》のところでは、このまま温暖化《おんだんか》が進めば、五〇年後には東京の気温が現《げん》在《ざい》の九州の気温と同じぐらいになるだろうといった予測《よそく》もあるので、九州からも苗を取り寄《よ》せて植えています。しかし一方で、必《かなら》ずそうなるとは限《かぎ》りませんので、「混植《こんしょく》」といって、いろいろな品種《ひんしゅ》の苗を混《ま》ぜて植えるようにしています。もちろん檜原村《ひのはらむら》の苗も入っています。五〇年たって一人前の木になったときに、「あのとき九州の苗だけにしたのは失敗《しっぱい》だった」ということになっては大変《たいへん》ですので、できるだけ失敗が少なくなるようにしているのです。

○下刈《したが》り（下草刈り）

植え付けから七、八年の間は、植えた苗木が雑草《ざっそう》や低木《ていぼく》におおわれて日が当たらなくなるようなことのないように、六月下旬《げじゅん》から八月にかけて、雑草などを刈《か》り取る「下刈り」を行います。昔は、下刈り用の大きなカマで刈っていましたが、今はエンジンの付いた草刈り機《き》で行うのが一般的《いっぱんてき》です。

草が伸《の》びる、夏の一番暑い時期の作業なので、もっとも過酷《かこく》です。新人時代には、下刈りの仕事が終わって疲《つか》れて帰ってくると、人と話すのもおっくうになり、夕飯《ゆうはん》を食べると早々《そうそう》に寝《ね》てしまったものです。下刈りをするときは、一日に水を五リットルくらい飲みますが、それでも足りないくらいです。全身汗《あせ》でびっしょりです。さらに、山にはハチやヘビもいます。ウルシやコクサギの木が肌《はだ》にふれるとかぶれますし、トゲのある木やバラ類《るい》もあります。そういったものにも注意が必要《ひつよう》です。

また、草刈り機の刃《は》が切れなくなると仕事が大変《たいへん》になりますので、ヤスリ

下《した》刈《が》り作業

下刈りや除伐《じょばつ》用の道具

で一日六回ほど研《と》ぎます。ですから、刃《は》を研ぐときが休憩《きゅうけい》時間です。

そんな大変《たいへん》な下刈りですが、一日の作業が終わり、草に埋《う》もれていた苗木《なえぎ》が顔を出して整然《せいぜん》とならんでいる姿《すがた》はとても気持ちよく、なんともいえない気分になります。

○除伐

下刈り作業は八年生くらいになるまで行いますが、その後数年すると低木《ていぼく》類《るい》やフジのつるなどが大きくなり、やぶのような状態《じょうたい》になって、歩けなくなるほどに茂《しげ》ってきます。また、雪の重さで曲がったり折《お》れたりした木や、形《けい》質《しつ》の悪い木が出たりするようにもなります。そこで、それらを草刈り機《き》やチェーンソーを使って除去《じょきょ》します。この作業が「除伐」です。

下刈りが終わって安心してしまい、何年も山へ行かないでいると、大変な荒《あ》れ山になってしまいますので、除伐も大切な作業です。

◯枝打《えだう》ち

みなさんは人工林の山を見て、木の枝や葉が上の方にしかついていないのに気づいたことはありますか。それはオノやナタ、ノコギリを使って下の方の枝を切っているからです。この枝を切る（打つ）作業を枝打ちといいます。柱にしたときに、節《ふし》のない木をつくるための作業です。なぜ節のない木にするのかというと、節のある木に比《くら》べて数倍も高く取引されるからです。

昔の日本の家屋は、柱として材木《ざいもく》がむき出しで用いられていて、家の中心となる大黒柱や床《とこ》の間の床柱にどれだけりっぱな木を使っているかが、人々《ひとびと》の話題になったりしました。しかし近年は、柱が直接《ちょくせつ》見えないような家の建《た》て方になってきたために、節があってもなくても、昔ほどには値段《ねだん》に差《さ》がなくなってきました。建物《たてもの》は洋風化し、たたみの部屋が少なくなり、まして「床の間」という言葉さえも知らない若者《わかもの》が多くなってきました。床の間に使う床柱は京都の北山林業のものが有名ですが、かつては北山林業地全体の木が、高いところまできれいに枝打ちしてあり、本当に美しい景観《けいかん》でした。現在《げんざい》は、大変残念《たいへんざんねん》なことにそのような景色《けしき》が減《へ》ってしまっています。

枝打ち作業は、下刈《したが》りが終了《しゅうりょう》したあとから二、三年おきに行います。柱に使われる木の長さは三メートルや四メートルですから、それを基準《きじゅん》にして、必要《ひつよう》なところまでの枝を打ちます。枝打ちをすると、光が森林内にさし込《こ》みますので、林床《りんしょう》の植物が豊《ゆた》かになるという利点《りてん》もあります。

最初《さいしょ》は根払《ねばら》いといって、一・五メートルほどの高さまで打ちますが、二回めからははしごに上って、もっと高い部分の枝打ちを行います。作業する面《めん》積《せき》の広さによって、何日も通いながら、何百本、何千本と打つ場合もあり、慣《な》れるまでは本当に腕《うで》が疲《つか》れる作業です。

枝打ちを行ってから二〇年ほどで、節が出てこなくなり、柱に適《てき》した木となります。

節《ふし》のない木にするために行う枝打《えだう》ち作業

枝打ちされ、よく手入れされた人工林

○間伐《かんばつ》

間伐は、現在《げんざい》の日本の人工林において、最優先《さいゆうせん》で行わなければならない作業です。なぜなら、植林されて四〇年から五〇年たっている人工林が一番多いからです。「山が荒《あ》れている」と言われるとき、多くは、この作業が遅《おく》れていることが原因《げんいん》です。

みなさんは、植物が芽《め》を出して、じょうぶに育つには、いくつかの要素《ようそ》が必要《ひつよう》なことを知っていますか。それは、〈空気〉〈水〉〈温度〉〈光〉〈養分《ようぶん》〉です。日本では水と温度などの条件《じょうけん》は整っていますが、問題は光環境《かんきょう》です。光がささなくなると、やぶでさえも枯《か》れてしまいます。

森林は、最初《さいしょ》に植林したまま手入れをせずに置《お》いておくと、横に枝《えだ》が張《は》ってぶつかり合い、雑草《ざっそう》が茂《しげ》り、光がささなくなって、森の中が真っ暗になります。そして木は、光を取るために上へ上へと伸《の》びようとするためにヒョロヒョロになってしまいます。すると、台風や雪の重みに耐《た》えられずに、たおれたり折《お》れたりしやすい木になってしまうのです。

そこで、三本に一本ずつぐらいの割合《わりあい》で木を伐《き》って、木と木の間を空け、光がさすようにし、一本一本が力強い木になるようにするのが、間伐《かんばつ》作業です。このとき、どれでもやみくもに伐るのではなく、一本一本の木の将来《しょうらい》を見すえて、どの木を残《のこ》して、どの木を伐ったらよいのかを、瞬時《しゅんじ》に判断《はんだん》しながら行います。

たとえば、残す木はまっすぐで根がしっかりと張《は》っているものや、それに近いものです。伐採《ばっさい》する木としては、あとあと成長《せいちょう》の見込《みこ》みのないもの、曲がったり傾《かたむ》いたり、病気や虫による害《がい》があったりするものなどです。また、「あばれ木」といって、ひときわ大きく太い枝《えだ》を張っているのですが、周《まわ》りの木を何本もおおってしまっているようなものも伐ります。

木と木の間を空けることにより、枝打《えだう》ちと同様に、太陽の光が森の中までさし込《こ》むので、下に生えている植物も豊《ゆた》かになります。間伐は一回で終わる

植物が芽《め》を出し、じょうぶに育つために必要なもの

のではなく、一〇年から一五年の間隔《かんかく》で数回行います。

一九六〇年の燃料革命《ねんりょうかくめい》以来《いらい》、木材《もくざい》の値《ね》が下がり人手不足《ぶそく》となって、ほとんど手つかずのまま放置《ほうち》されてしまっているのが、広葉樹林《こうようじゅりん》です。

落葉広葉樹の場合、冬は葉が落ちるので森の中も明るいのですが、夏になって葉が茂《しげ》ると、やはり暗くなってしまいます。林床《りんしょう》を見ると低木《ていぼく》類《るい》や草類が少なく、つる類が幹《みき》にからみついています。岩場に立っている木は、雪が積《つ》もると、自分で自分を支《ささ》えることができず、根が浮《う》き上がってたおれているものも多く見られます。このような場所は、適切《てきせつ》な管理《かんり》が必要《ひつよう》です。

間伐《かんばつ》作業

間伐された木は細い角材《かくざい》にされたり、家具に利用《りよう》されたりします

○主伐（伐採《ばっさい》）

さて、何十年と手塩《てしお》にかけて育てられてきた森林は、持ち主が決めた林齢《りんれい》になると、収入《しゅうにゅう》とするために、まとまった面積《めんせき》が伐採されることになります。これを主伐といいます。

以前《いぜん》の日本では、利用《りよう》できる木が少なかったことと、木材価格《もくざいかかく》が高かったことから、三〇年生前後の林齢で伐《き》ってしまっていました。現在《げんざい》は、五〇年から六〇年での伐採が多くなっています。

本来ならば、主伐して販売《はんばい》した木材の収入で、林業家の生活や伐採したあとに木を植えて育てる費用《ひよう》をまかなうべきなのですが、残念《ざんねん》ながら、現在ではそれだけの収入にはなりません。ですから、国などの公《おおやけ》の支援《しえん》（「造林補《ぞうりんほ》助《じょ》」などの制度《せいど》があります）を受けて作業が行われています。こうした支援がないと、木が伐られたままになってしまい、造林未済地《ぞうりんみさいち》（ハゲ山）になってしまうからです。本来、これは大変《たいへん》おかしなことだと思います。

工業製品《せいひん》などは、一分や一秒の短い時間でも製品ができて収入《しゅうにゅう》にすることができますが、木材生産《もくざいせいさん》（林業）の仕事では、長い年月をかけないと収入になりません。ですから私《わたし》は、林業家が林業だけで生活できるような新しいしくみを考えないと、人間の命を支《ささ》える大切な森林を守り育てていくことができなくなってしまうのではないかと思っています。

受け口を切る
追い口を切る
くさびをたたいて入れる
木の重さで受け口の方向へたおれる

○そのほかの作業

苗木《なえぎ》は、乾風害《かんぷうがい》のほか、植え付《つ》けをしたあとに雨が降《ふ》らなかったり、ウサギやシカなどに苗を食べられてしまったりしても枯《か》れてしまうことがあります。苗木が枯れてしまったところへは、「補植《ほしょく》」といって、次の年にふたたび新しい木を植え付けるという作業があります。

また、雪や台風で、折《お》れたり曲がったりした木を伐採《ばっさい》する作業もあります。あるいは、製材《せいざい》するときにノコギリの歯をいためる危険性《きけんせい》はありますが、太い木の場合は針金《はりがね》を使い、それ以下の若《わか》い木の場合はテープや縄類《なわるい》を使って、たおれた木を引き起こすこともあります。近年は、温暖化《おんだんか》の影響《えいきょう》で重い湿《しめ》った雪が降るようになったため、まだ細い若木のころは、毎年のように雪起こし作業が必要《ひつよう》となってしまいました。この作業は、五月までに行わないと、曲がった木になってしまうので大変《たいへん》です。

あるとき、こんなことがありました。

昼間から降《ふ》っていた雪が夜になってもやまず、そのまま降り続《つづ》けば、スギの木が重さに耐《た》えられずに折《お》れたりたおれたりして、大きな被害《ひがい》になりそうでした。私《わたし》はいてもたってもいられず、真夜中にかっぱを着て家を出ました。貴重《きちょう》な品種《ひんしゅ》を植えた「試験林《しけんりん》」と呼《よ》ばれる森へ行き、一本一本に縄《なわ》をかけてゆすり、雪を落とす作業を行いました。凍《こご》える手と汗《あせ》でびっしょりの体で、降りしきる雪の中、ぼんやり見え隠《かく》れする道路の街灯《がいとう》を見ながら、懸命《けんめい》に作業を行いました。

「真夜中のこんな時間に、山の中でこんなことをしているのは、世界でたった一人だろうな」

そんなことを考えながらも、心の中にはなんともいえない満足感《まんぞくかん》があり、穏《おだ》やかな気持ちだったことを覚《おぼ》えています。

このように木を植えて育てるためには、そのときどきに適切《てきせつ》な作業を行うことが大切です。美しい森林の裏側《うらがわ》には、林業家によるさまざまな作業があるのだということを知っていてほしいのです。

地球温暖化《おんだんか》

「地球温暖化」とは、二酸化炭素《にさんかたんそ》やメタンなどの温室効果《こうか》ガスと呼《よ》ばれる物質《ぶっしつ》の働《はたら》きによって、地球を取り巻《ま》いている大気や海面の温度が上昇《じょうしょう》する現象《げんしょう》のことです。

地球の温度が上がると、北極《ほっきょく》や南極の氷が解《と》けて海抜《かいばつ》の低《ひく》い土地が海に沈《しず》んでしまったり、豪雨《ごうう》や干《かん》ばつなどの異常気象《いじょうきしょう》が増《ふ》えたり、貴重《きちょう》な動植物が絶滅《ぜつめつ》したりと、さまざまな問題が起こってきます。

そのため世界の国々《くにぐに》は、地球温暖化を食い止めるために、協力《きょうりょく》し合って二酸化炭素の排出量《はいしゅつりょう》を減《へ》らそうと努力しています。

地球に暮《く》らす一員として、私たち一人ひとりも、地球温暖化防止《ぼうし》のために何ができるかを考えてみましょう。

林業ファッションと主な持ち物

※作業の内容《ないよう》によって、持ち物や服装《ふくそう》は変《か》わります。

第五章　これまでの林業とこれからの林業

木材《もくざい》の新しい価値《かち》を生む

私《わたし》が家業を継《つ》いだ当時に一番心配していたのは、木材の価格《かかく》が長い間落ち続《つづ》けると、林業家が生活できなくなってしまうということでした。生活ができないと、林業を辞《や》めてしまい、時の経過《けいか》とともに森林が荒《あ》れて、山村全体が大変《たいへん》なことになると思ったからです。そして、現在《げんざい》すでにそのような状況《じょうきょう》になっています。林業家はいなくなってしまいました。代々継承《だいだいけいしょう》されてきた森林所有者と森林とのつながりが、精神的《せいしんてき》な部分も含《ふく》めて断《た》ち切られてしまっています。

東京都では、リタイアした人や若者《わかもの》の集団《しゅうだん》が、プロの指導者《しどうしゃ》がほとんどいなくなった中で、迷《まよ》い、悩《なや》みながら森林整備《せいび》を行っています。当分の間、「作業」はできても「仕事」にはならない状態《じょうたい》が続くと思います。それは、「仕事」

とは、それでお金をもらえるようなプロのわざのことであり、林業で一人前といわれるようになるには、二〇年はかかるからです。

一方国では、二〇一四年に、一〇年後に国内の木材自給率《じきゅうりつ》を五〇パーセントにすることを目標《もくひょう》に立てました。これは一つの理由として、それまで木材をあまり使わなかった新興国《しんこうこく》といわれる国々《くにぐに》（中国、韓国《かんこく》、台湾《たいわん》など）で木材の需要《じゅよう》が増《ふ》えたため、今までのように安い外材《がいざい》が日本に十分に入ってこなくなったからです。国産材《こくさんざい》を使わなければ、今まで国が推《お》し進めてきた大規《だいき》模《ぼ》な製材《せいざい》や合板の工場（木材を加工《かこう》する工場）が稼働《かどう》できなくなり、林業だけではなく、林業に関連《かんれん》したほかの分野へも影響《えいきょう》が出てくるからです。さらに、戦後《せんご》に植林された人工林の多くが、現在利用可能《りようかのう》な時期になってきたということもあります。

また、近年は、CLT《シーエルティー》（板を各層《かくそう》で交差《こうさ》するように重ねて接着《せっちゃく》したパネル板のこと。壁《かべ》や床《ゆか》などに使われる）や不燃材料《ふねんざいりょう》（燃《も》えにくく加工《かこう》した木材《もくざい》）など、新たな商品を開発することによって、国産材《こくさんざい》をたくさん使ってもらおうという動きもさかんです。また、環境《かんきょう》にやさしいエネルギーとして、太陽光や風力・水力などとともに、木材を中心としたバイオマスエネルギーも注目を集めています。

特《とく》に注目をあびているのが、木を細かく砕《くだ》いて、髪《かみ》の毛の一万分の一ほどの細さにしたものをからみ合わせて作る、セルロース・ナノファイバーという素材《そざい》です。強度は鉄の数倍で重さは軽く、自動車や飛行機《ひこうき》、タイヤ、ガラス、コンクリートと、さまざまなものに使えるという革命的《かくめいてき》な素材です。

しかし、森林を所有している者にとっては、いくら国産材の需要《じゅよう》が増《ふ》え、国が補助金《ほじょきん》を出す制度《せいど》があるといっても、現在《げんざい》の木材価格《かかく》のままでは、伐採《ばっさい》したあとにふたたび植林するのはやはり難《むずか》しいといえます。木を植えて育てるには長い年月と手間とお金がかかるため、これから新たに木を植えても、植えれば植えるだけ経費《けいひ》がかかって損《そん》をしてしまうからです。

ですから、国産材の使いみちが増えたことで、今度は伐《き》りっぱなしの山を増やすことになり、一層《いっそう》の森林荒廃《こうはい》につながるのではないかといった心配もあります。

環境にやさしいバイオマスエネルギー

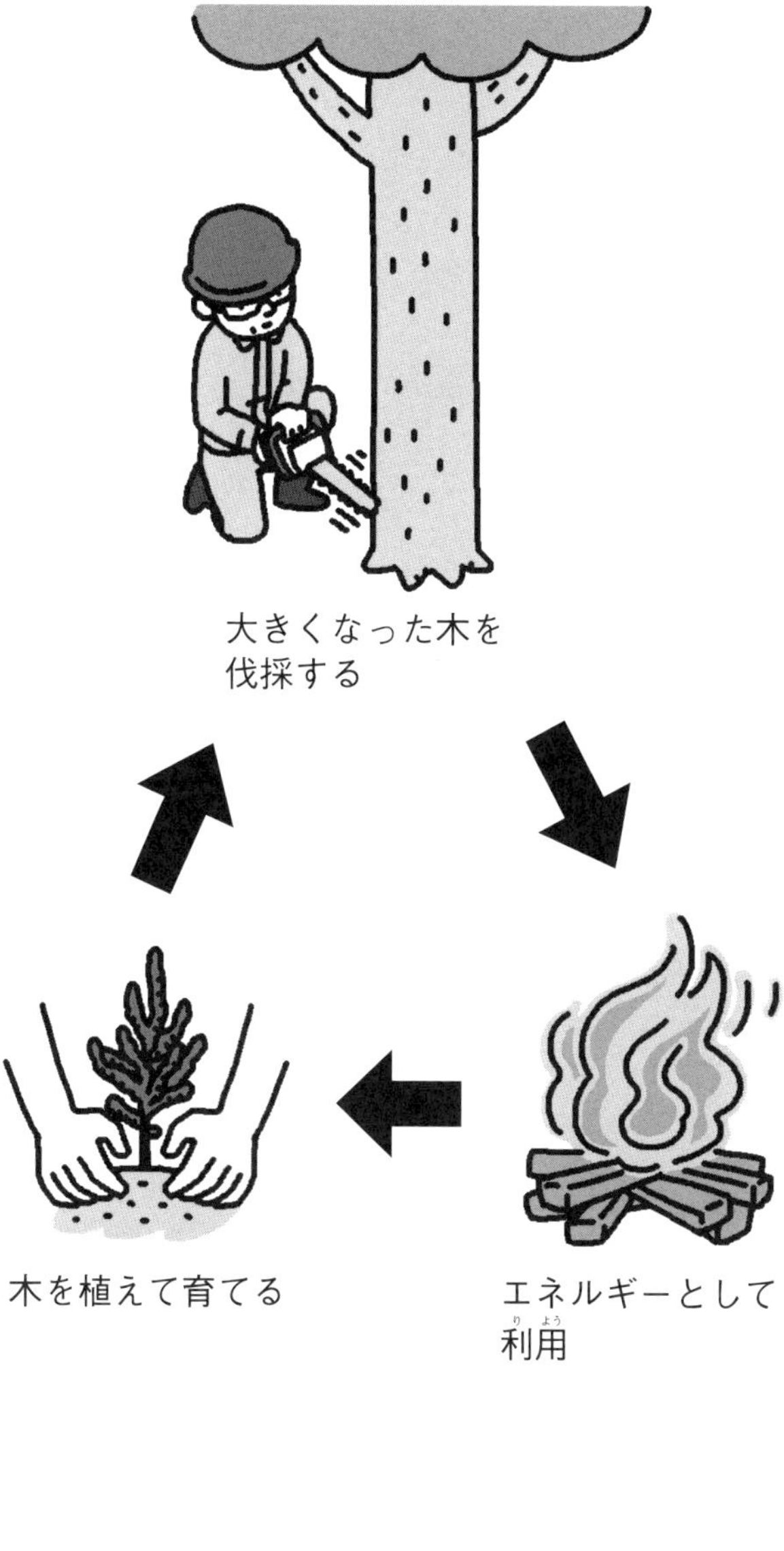

さまざまな働《はたら》きに目を向ける

では、山が荒《あ》れたままにしておいてもいいものでしょうか。そんなことはありません。前にも述《の》べたように、森林が荒廃《こうはい》してしまえば、人間も暮《く》らしていけなくなってしまうからです。

私《わたし》は、これからは木材《もくざい》や燃料《ねんりょう》としての木の価値《かち》を考えるだけではなく、森林がもたらすそのほかの多くの機能《きのう》を生かしていくことが大切だと考えています。森林が私たちの生活に果《は》たしている役割《やくわり》を広く知ってもらい、国民《こくみん》に理解《りかい》してもらって、国の資金《しきん》を投入するといったことが必要《ひつよう》な時期にきているのではないかと思います。

現在《げんざい》、日本の森林は、およそ二五〇〇万ヘクタールあります。そのうちの約《やく》四割《わり》にあたる一〇〇〇万ヘクタールほどがスギやヒノキ、カラマツを中心とした人工林です。これは、木を植えた当時は木材の価値が高かったので、木はいずれお金になると考えて、みんなが一生懸命《けんめい》に植えた結果《けっか》です。土地を持っていない人も、土地を借《か》りて植林し、伐採《ばっさい》したときに売上金の半分を土地の所有者に渡《わた》すといった取り決めをして、木を植えました（「分収林《ぶんしゅうりん》」あるいは「植え分け」といいます）。

また、かつては小学校や中学校でも「学校林」といって山林を所有していました。現在では、学校は、市町村などがお金を全額負担《ぜんがくふたん》して建《た》てますが、一九六〇年ごろまでは、地域《ちいき》や学校区の人々《ひとびと》の寄付《きふ》などで建設《けんせつ》することが多かったため、学校林を伐採《ばっさい》して建設資金にあてたわけです。

このように、人の心はどうしても経済的《けいざいてき》な価値があればそちらの方向に移《うつ》ってしまう傾向《けいこう》があります。したがって、あまりお金にならない今の林業は悲惨《ひさん》な状況《じょうきょう》にあります。しかし、お金にならなくてもやらなければならない仕事もあるのです。

そして、今ほど資源《しげん》としての木材蓄積量《もくざいちくせきりょう》が増《ふ》え、木がモクモクと成長《せいちょう》していることはかつてなかったことです。

安い外材《がいざい》が入ってきて木材価格《かかく》が下がった結果《けっか》、国内の木を伐《き》らなくなったので（手入れの良《よ》しあしの問題はありますが）、森林は残《のこ》っています。燃料革命《ねんりょうかくめい》のおかげで木炭やまきが使われなくなったため、それらの材料《ざいりょう》となる広葉樹《こうようじゅ》も伐られずに残りました。すでに国内での一年間の木材使用量（約《やく》八〇〇〇万立方メートル）を上回る成長量の森林があります。そして、さらに今後は人工林を中心に、ますます森林の蓄積量は増えていくと思います。前述《ぜんじゅつ》の通り人工林のスギやヒノキは、天然林《てんねんりん》と比《くら》べると、一ヘクタール当たり一・六倍の成長量・蓄積量があるからです（35ページ参照《さんしょう》）。

一方、国際的《こくさいてき》な水準《すいじゅん》まで値段《ねだん》が下がった日本のスギ・ヒノキを中心に、中国や韓国《かんこく》などへの輸出《ゆしゅつ》が増加《ぞうか》しています。以前《いぜん》は木材といえば輸入することがほとんどでしたが、今は輸出するための国産材《こくさんざい》が、鹿児島《かごしま》や宮崎《みやざき》の港に山《やま》積《づ》みにされています。

ふたたび注目されはじめた森林・林業

また、守り手がいなくなって荒《あ》れた森林に対して、すでに全国の多くの都道府県で「水源税《すいげんぜい》」や「環境税《かんきょうぜい》」といった税金《ぜいきん》を導入《どうにゅう》し、整備《せいび》に役立てようという支援策《しえんさく》を打ち出しています（76ページ参照）。

さらに、二〇一五年一一月からパリで開催《かいさい》された、地球温暖化《おんだんか》問題について考えるための世界的な会議《かいぎ》（国連気候変動枠組条約第21回締約国会議《こくれんきこうへんどうわくぐみじょうやくだいかいていやくこくかいぎ》：COP21）では、二酸化炭素《にさんかたんそ》などの温室効果《こうか》ガスの排出《はいしゅつ》量と吸収《きゅうしゅう》量のバランスをとることを、世界全体の目標《もくひょう》と決めました。森林の役割《やくわり》は非常《ひじょう》に大きいのです。この取り決めを受けたかたちで、日本としても、国全体で森林環境税の導入を検討することが決まりました（二〇一六年現在）。森林や林業を活《かっ》性化《せいか》させることを目的《もくてき》とする税金《ぜいきん》ですので、それらが危機《きき》にひんしている今、早急に決定しなければなりません。

国際的《こくさいてき》に見ると、国連《こくれん》が三月二一日を「国際森林デー」と定め、日本国内でも八月一一日が「山の日」に制定《せいてい》され、二〇一六年から祝日《しゅくじつ》となりました。

また、二〇一一年は、国連が定めた「国際森林年」でした。人間を含《ふく》めたすべての動植物は森林からさまざまな恩恵《おんけい》を受けています。しかし、世界各《かく》地《ち》で森林の減少《げんしょう》や荒廃《こうはい》が進み、このままでは大変《たいへん》なことになるということから、世界中の人々《ひとびと》に森林の大切さを理解《りかい》してもらおうというのが、制定の目的でした。同時に、林業にかかわる人が減少していますので、森林ボランティアなどへの参加《さんか》も呼《よ》びかけました。一九八五年に第一回の「国際森林年」が設定《せってい》され、今回が二度目の「国際森林年」となりました。国連は毎年、国際的に深刻《しんこく》な問題に関《かん》してテーマを定めていますが、同一の名称《めいしょう》で二度というのは、これが初めてです。それだけ森林問題が地球上で大変なときを迎《むか》えているということがいえるでしょう。

国際的なテーマは「人々のための森林」。人類《じんるい》にとっての森林の重要性《じゅうようせい》と、一人ひとりの行動の重要性を示《しめ》しています。

そして、国内テーマは「森を歩く」でした。ともかく気軽に森に入って歩こうよ、ということを訴《うった》えたものです。

森を歩く

みなさんは、いつ森に入りましたか。森を歩きましたか。

日本は、国土のおよそ三分の二が森林なのにもかかわらず、「森を歩く」という文化があまり育っているとはいえない状況《じょうきょう》です。

ドイツやオーストリアなどに行くと、家族でのピクニックなども含めて大《おお》勢《ぜい》の人たちがごく自然《しぜん》に森の中を歩いているのを目にしますが、日本では以《い》前《ぜん》はそのような人をほとんど見かけませんでした。しかし、近ごろは、ウオーキングやランニングを行っている人をだいぶ見かけるようになりました。時を経《へ》てようやく日本でも、（森林の価値《かち》を見直す前兆《ぜんちょう》になるのかどうかわかりませんが）中高年の人たちや山ガールと呼《よ》ばれる若《わか》い女性《じょせい》などが山に入ってくるようになりました。山のもっている多くの魅力《みりょく》が人々《ひとびと》に伝《つた》わりはじめたのだと思います。

逆《ぎゃく》に、私《わたし》たちのように山で暮《く》らす人間は、みんなが入ってこられるような道路の整備《せいび》を積極的《せっきょくてき》に行うことが必要《ひつよう》な時代になってきたと思います。私の場合、間伐《かんばつ》した木材《もくざい》の運び出しと手入れ作業のために、二・五～三メートル幅《はば》の作業道を造《つく》っていますが、林業作業以外《いがい》にもさまざまな目的《もくてき》に使えるように心がけています。

筆者の山林を通る道路（上：冬、下：初夏《しょか》）

森に入ってみると、森林の状態《じょうたい》がどうなっているかに気づくはずです。そして、森のために何ができるのか、一人ひとりがぜひ考えて、行動を起こしてほしいと願《ねが》っています。

たとえば暮《く》らしの中で、家屋や家具の材料《ざいりょう》などに国産《こくさん》の「木を使う」ことを通じて、日本の森林や林業を応援《おうえん》しようという方法《ほうほう》もあると思います。

第六章　私《わたし》の夢《ゆめ》

理想の森林

私《わたし》の理想の森林は、鹿児島県屋久島《かごしまけんやくしま》の、有名なウィルソン株周辺《かぶしゅうへん》の「小杉《こすぎ》」と呼《よ》ばれる、二〇〇〜三〇〇年生のスギと広葉樹《こうようじゅ》の融合《ゆうごう》した森林の姿《すがた》です。このような森は世界中でもそんなに多くはありません。放っておくと林床《りんしょう》から広葉樹が育ってくるような環境《かんきょう》で、スギやヒノキの人工林を育てている私にとって、そのような森林づくりは林業の醍醐味《だいごみ》であり、夢《ゆめ》でもあります。

林業は、自然《しぜん》に一番負荷《ふか》をかけて行う職業《しょくぎょう》の一つです。「自然に負荷をかける」とは、つまり、自然にしておけばそのまま伸《の》びたいように伸びていく木の枝《えだ》を切って整えたり、雑草《ざっそう》を刈《か》り取ったり、さらには、もっと成長《せいちょう》を続《つづ》けようとする樹木《じゅもく》そのものを伐採《ばっさい》するなど、いわば自然に逆《さか》らった行為《こうい》を行っているということです。ですから、負荷をいかに少なくするかというこ

ウィルソン株周辺の森

とを考えると、理想的《りそうてき》なのは高《こう》樹齢《じゅれい》の木を増《ふ》やすことであり、さまざまなタイプの木が生い茂《しげ》る森（混交林《こんこうりん》といいます）をつくるということになります。

自然災害《さいがい》などの危険性《きけんせい》はともないますが、「遠くからながめると針葉樹《しんようじゅ》の山に見えるが、中に入れば広葉樹の高木や低木《ていぼく》があり草が生えていて、苔《こけ》むした石の間をちょろちょろと沢《さわ》の水が流れている」といったぐあいの森です。

森のデザイナー

しかし、やはり、自然災害《しぜんさいがい》の危険性《きけんせい》ができるだけ少ない健全《けんぜん》な森林を育てようとすれば、人間の手入れ、林業活動が必要《ひつよう》になってきます。そうした林業の働《はたら》きを知ってもらい、森林に親しんでもらうために、私《わたし》がボランティアの人たちの協力《きょうりょく》を得《え》てつくったのが、あとで紹介《しょうかい》する「遊学の森」です。

私の名刺《めいし》には「森林業」と書いてあります。林業を、「サービス業のように広く一般《いっぱん》に開放してアピールする」ということを目標《もくひょう》に、「遊学の森」以《い》外《がい》にも宿泊《しゅくはく》できるコテージを造《つく》って、一般の人が林業に親しめる場所づくりに取り組んできました。

私は、林業家は森のデザイナーだと考えています。ですから、森林をどのように育て、管理《かんり》していくかということをいつも頭に描《えが》いて、何十年、数百年先の森林の姿《すがた》を思い浮《う》かべています。それは目標とする森林があるからですし、私自身が、何十年も前に先祖《せんぞ》がつくってきた森林を受け継《つ》ぎ、現在《げんざい》管理育成《いくせい》しているからです。

私は家業が林業であったため、小さいころから後継者《こうけいしゃ》として期待されて育ちました。そして、山の現場で大汗《おおあせ》をかいて働きながら、運よく、数少ない専業《せんぎょう》林業家（林業だけで生活していること）として生き抜《ぬ》いてきました。戦《せん》後《ご》、森林や林業がたどってきた盛衰《せいすい》や山村の歴史《れきし》を、身をもって体験《たいけん》してきたわけです。

そのような立場や経験《けいけん》からも、林業の実践者《じっせんしゃ》としても、つまり木にたとえれば根っこの部分にいる人間として、林業についての情報《じょうほう》を発信《はっしん》し、実情《じつじょう》を語っていかなければならないと考えました。そうしないと、都市に暮《く》らす人々《ひとびと》が求《もと》める木の花や実の部分（人間に安らぎや癒《い》やしをもたらす美しいものとしての森林）もすべてが枯《か》れてしまって、大変《たいへん》なことになると考えたのです。

そこで、森林や林業の大切さを表現《ひょうげん》・解説《かいせつ》する場として、私《わたし》が所有する裏山《うらやま》二〇ヘクタールを、「遊学の森」と名付《なづ》けて整備《せいび》し、開放してきたのです。一周《いっしゅう》すると、森林・林業について多くのことが学べる「林業のテーマパーク」、それが「遊学の森」です。自然に親しみながら気軽に森林・林業について多くの人に知ってもらおう、ぜひ知ってほしいと願《ねが》って、二五年ほど前に造《つく》りました。小道の整備や植物などの調査《ちょうさ》には学生グループやボランティアの人たちにも協力《きょうりょく》してもらい、完成《かんせい》までには五年ほどかかりました。

「遊学の森」とは

「遊学の森」は、標高《ひょうこう》三〇〇〜六〇〇メートルほどの場所にあり、さまざまな森林の姿《すがた》を見ることができます。また、林業活動の大切さを実感できる場所もいくつもあります。傾斜地《けいしゃち》にありますが、散策用《さんさくよう》の小道が二〇〇〇メートルほど通っていて、道沿《みちぞ》いには説明板《せつめいばん》、樹木《じゅもく》には名札《なふだ》が付けてあり、山への理解《りかい》が深まるようにしてあります。

きれいに間伐《かんばつ》された人工林には季節ごとの草花も多く見られ、特《とく》に四月上《じょう》旬《じゅん》に咲《さ》く可憐《かれん》なカタクリの群落《ぐんらく》や、六月の朝もやのスギ木立に咲くアジサイの姿は、なんともいえない風情《ふぜい》があります。よく整備された人工林からわき出ている水は、「気絶《きぜつ》するほどおいしい水」として雑誌《ざっし》に取り上げられ、一年中かれることはありません。二〇〇年以上《いじょう》たっているモミやケヤキの大木、江戸《えど》時代に植林されたスギなど、見どころ、学びどころはたくさんあります。見て、聞いて、体験《たいけん》する、それが「遊学の森」です。

グループでのフィールドワークや林間学校などを行うにはもってこいの場所だと思いますが、公《おおやけ》の公園とちがって道幅《みちはば》が狭《せま》く、岩場があったり急傾斜の場所があったりするので、訪《おとず》れるには覚悟《かくご》が必要《ひつよう》です。コテージがあるので宿泊《しゅくはく》しながら学習することもできます。コテージの下を流れる秋川の清流では水生昆虫《こんちゅう》の観察《かんさつ》もできます。

ここで、森を歩くうえでの観察《かんさつ》ポイントをいくつか紹介《しょうかい》すると、

・光環境《かんきょう》による成長《せいちょう》のちがいを知る。
・間伐《かんばつ》の大切さを知る。
・人工林の重要性《じゅうようせい》を知る。
・広葉樹林《こうようじゅりん》と育成天然林《いくせいてんねんりん》とのちがいを知る。
・スギやヒノキには多くの品種《ひんしゅ》があることを知る。
・シカ、野ネズミ、ウサギ、イノシシ、クマなどの被害《ひがい》を知る。
・その他の野生動物や植物について知る。

などです。私《わたし》は林業でつちかわれたノウハウを中心に、みなさんにお話しすることもあります。もちろん森林インストラクターの資格《しかく》ももっています。

「遊学の森」で
体《たい》験《けん》学習を
楽しむ子どもたち

フォレスティングコテージ

都心に近いことや、もともとこのような施設《しせつ》がほかになかったという強みもあり、開設当初《かいせつとうしょ》は予想を上回る年間一五〇〇人もの人に利用《りよう》していただきました。現在《げんざい》では、都道府《とどうふ》県《けん》などにより同様の施設が全国に数か所開設《かいせつ》されたことや、以前《いぜん》よりも学生たちの森林・林業に対する興味《きょうみ》が低下《ていか》したのか、二〇〇名ほどになっています。

私は所有林を息子ともども七人で管理《かんり》しています。あまり「遊学の森」の活動に力を入れ過《す》ぎると、本業がおそかになり、森林整備《せいび》に支障《ししょう》が出てしまいます。そこで、「遊学の森」に関《かん》しては、利用者からの依頼《いらい》があれば対応《たいおう》する、といったゆるやかなかかわり方を長年続《つづ》けてきました。利用者は少なくなりましたが、逆《ぎゃく》に、そうした姿勢《しせい》だったからこそ、これまで続けてこられたのではないかとも思います。

では、これまでどんな人たちが「遊学の森」を利用したのでしょうか。

(1) 特別なグループ

・「遊学の道プロジェクト（YMP《ワイエムピー》）」

「遊学の森」の道を整備するために発足したYMPは、二〇年ほど前から毎月一泊《いっぱく》二日でコテージに宿泊し、活動を続けているグループです。この中から林野庁《りんやちょう》・環境省《かんきょうしょう》のレンジャーや、県庁・森林組合の職員《しょくいん》になって全国各地《かくち》で活躍《かつやく》している人もいます。

・「シャル・ウィ・フォレスト」
かつての東京都青年の家（青少年のための団体研修施設《だんたいけんしゅうしせつ》）で「木と人のネットワーク」や、「森のワークキャンプ」などの名前で、森づくり活動に参加《さんか》していた人たち。現在《げんざい》は、年三回、季節ごとに下刈《したが》り・枝打《えだう》ち・間伐《かんばつ》のイベントを行っています。ＹＭＰ《ワイエムピー》とは兄弟グループです。

(2) 学生グループ
ゼミや林業体験《たいけん》などで利用《りよう》しています。

(3) その他
・国際協力機構《こくさいきょうりょくきこう》（ＪＩＣＡ／ジャイカ）
・全国林業研究グループのリーダー研修会の館外研修
・ボーイスカウト、ガールスカウト
・ＹＷＣＡ《ワイダブリューシーエー》（キリスト教女子青年会）
・子ども会、学童《がくどう》クラブ

・消防《しょうぼう》少年団《だん》
・親子体験キャンプ、自然《しぜん》学習の会
・森林ボランティアグループ
・企業《きぎょう》の研修
・草刈《くさかり》十字軍東京（環境《かんきょう》保護《ほご》に取り組むグループ）
・NPO《エヌピーオー》法人《ほうじん》　など

さらに、コテージに宿泊《しゅくはく》した一般《いっぱん》の人や家族連《づ》れなど、さまざまな人たちが「遊学の森」を歩いています。日常《にちじょう》では出合えない石や岩のあるでこぼこ道や、急傾斜地《きゅうけいしゃち》の狭《せま》い道を歓声《かんせい》を上げながら歩いて、それぞれが体中で何かを感じ取っています。

林業にとっては厳《きび》しいこの時代ですが、全国では元気に山林を経営《けいえい》し、林業に取り組んでいる人たちがいます。また、ボランティアなどで森の整備《せいび》に力を注ぐ人たちもいます。経済的《けいざいてき》に厳しいことは確《たし》かですが、その反面、実は林業とは、常《つね》に未来《みらい》を見すえて作業をし、世界の環境《かんきょう》をより良《よ》くするために役立つ、とても夢《ゆめ》のある仕事です。私《わたし》は、こんなに良い仕事は、ほかにはないと思っています。

しかし、森林環境を良くするために必死《ひっし》で努力《どりょく》をしている少数の人たちのがんばりにも限界《げんかい》があります。私は現在《げんざい》、日本各地《かくち》で小さな「点」のようにがんばっている人たちの活動が、いつの日か大きな「面」のような活動へと広がっていくことを期待しています。そのためにも、一般《いっぱん》の人たちに、林業の応援団《おうえんだん》や理解者《りかいしゃ》になってもらいたいのです。そして、いずれは大勢《おおぜい》の人が林業で生活できるようになることを、心から願《ねが》っているのです。

「遊学の森」を案内《あんない》する筆者

おわりに　～山が教えてくれること～

山仕事を行っていると、人間の生き方に関《かん》してもいろいろと自然《しぜん》から教えられることがあります。

たとえば、広葉樹《こうようじゅ》を伐採《ばっさい》すると、萌芽《ほうが》といって、切り株《かぶ》から多くの芽《め》が出てきますが、そのままにしておくと、おたがいが競争《きょうそう》し合って枯《か》れたり、木が密集《みっしゅう》して細くなってしまったりします。そこで私《わたし》たちは、それらの中から将来《しょうらい》大きく成長《せいちょう》していきそうな力強い芽を選《えら》んで、それ以外《いがい》を取ってしまう「芽かき」という作業を行います。残《のこ》した芽に養分《ようぶん》を集中させることによって、早くりっぱな木に成長できるようにするためです。

このとき、最初《さいしょ》から一本にしてしまう場合と、二、三本残しておいて数年後にあらためてどれを残すかを判断《はんだん》する場合があります。つまり、どれが一番良《よ》いかがわからないときには、じっくり時間をかけて考えるわけです。いったん切ってしまえば、取り返しがつかないからです。せっかく残した一本が動物たちに食べられたり、雪の重みで折《お》れてしまったりと、思いもよらないことが起こる可能性《かのうせい》もあります。ですから、どれが良いのかはっきりとわからない場合は、結論《けつろん》を急がずに、時間をかけて見極《みきわ》めることが必要《ひつよう》な場合もあるということです。

人間も木と同じで、いろいろな芽を持っています。私のように小さいころから林業で生きていくんだと決めて、それだけに向けてやっていく者や、子どものころの夢《ゆめ》はあれもありこれもあったけれど最終的《さいしゅうてき》に一つにしぼって職《しょく》業《ぎょう》を選ぶという人もいると思います。迷《まよ》ったときは、時間をかけて考えてもいいと思います。

いずれにしても、一度就職《しゅうしょく》したら一年や二年であきらめることなく、五年一〇年がんばることによって、社会に貢献《こうけん》できるように大きくりっぱに成長していくものです。そして、そのためには、土壌《どじょう》（就職先《しゅうしょくさき》）に根を張《は》るための養分《ようぶん》（知恵《ちえ》や体力）を、小さいころから作っておくことが大切になると思います。木も、十分な日光や養分を得《え》てこそ、大きくりっぱな木に育ちます。そしてその間に、二酸化炭素《にさんかたんそ》を吸収《きゅうしゅう》してきれいな空気をつくったり、水をたくわえてきれいにしたり、土をしっかりおさえて土砂《どしゃ》くずれを防《ふせ》いだりしながら、社会に貢献《こうけん》します。

みなさんはこの本を読み、初めて知ったことも、おそらくいろいろあったと思います。好奇心《こうきしん》をもって学ぶ姿勢《しせい》こそ、輝《かがや》ける未来《みらい》につながる第一歩だと思います。

末筆《まっぴつ》になりましたが、少年写真新聞社編集部《へんしゅうぶ》の山部富久美さんには大変《たいへん》お世話になりました。ここにお礼を申し上げます。

美しく植林された人工林が、未来の環境《かんきょう》をつくります

◎『日本の林業』（全４巻）白石則彦 監修／MORIMORIネットワーク 編集、岩崎書店 刊、2008年

◎『日本の森林と林業 森林学習のための教本（第２版）』大日本山林会 編集、大日本山林会 刊、2012年

◎『学びやぶっく60 日本の森林を考える』田中惣次 著、明治書院 刊、2011年

◎『日本の農林水産業《さんぎょう》３ 林業』宮林茂幸 監修、鈴木出版 刊、2011年

◎『日本の国土とくらし３ 山地の人びとのくらし』渡辺一夫 写真・文／千葉昇 監修、ポプラ社 刊、2011年

◎『自然《しぜん》と人間 森は生きている（新装版《しんそうばん》）』富山和子 著／大庭賢哉 絵、講談社 刊、2012年

◎『どんぐりころころ大図鑑《だいずかん》』岡崎務 著／星野義延 監修／飯村茂樹 写真、PHP研究所 刊、2012年

◎『なぜ？ どうして？ 環境のお話』環境のお話編集委員会 編集／森本信也 監修、学研プラス 刊、2013年

◎『木と日本人』（全３巻）ゆのきようこ 監修・文／長谷川哲雄 樹木画、理論社 刊、2016年

森林や環境《かんきょう》に関《かん》する本

◎『たくさんのふしぎ傑作集《けっさくしゅう》 森へ』星野道夫 文・写真、福音館書店 刊、1996年

◎『「物づくり」に見る日本人の歴史《れきし》1 日本人は「木」で何をつくってきたか』西ヶ谷恭弘 監修、あすなろ書房 刊、2000年

◎『おいでよ 森へ　空と水と大地をめぐる命の話』「おいでよ 森へ」プロジェクト 編集、ダイヤモンド社 刊、2016年

◎『小学館版科学学習まんが クライシス・シリーズ 森のクライシス』岡田康則 まんが・構成／惠志泰成 ストーリー協力、小学館 刊、2015年

◎『考えよう！　地球環境　身近なことからエコ活動　ごみ問題・森林破壊　私たちにできること』永山多恵子 文／財団法人環境情報普及センター 監修、金の星社 刊、2009年

◎『森の総合《そうごう》学習 森と環境』七尾純 著、あかね書房 刊、2004年

◎『森の総合学習 森とくらし』七尾純 著、あかね書房 刊、2004年

◎『日本の材木《ざいもく》 杉《すぎ》』ゆのきようこ 文／阿部伸二 絵、理論社 刊、2005年

◎『発見！ 植物の力6 木と木材』藤川和美 著／小山鐵夫 監修、小峰書店 刊、2007年

【著者・イラストレーター紹介】

著者　田中 惣次（たなか そうじ）

1947年、東京生まれ。日本大学農獣医学部林学科卒業。

江戸時代から続く檜原村の林業家14代目。元・全国および東京都林業研究グループ連絡協議会会長。平成17年、農林水産祭コンクールにおいて、その年の日本一の林業家に与えられる天皇賜杯を授与された。

林業人材育成支援普及センター代表理事、大日本山林会副会長、東京都林業改良普及協会会長、檜原村森づくり推進協議会会長、東京都指導林家、檜原森林塾主宰。

主な著書に、『私は森の案内人』（創森社、1994）、『日本の森林を考える』（明治書院、2011）、ほか。

イラストレーター　いたばし ともこ

制作会社を経てフリーのイラストレーターに。雑誌、書籍、Webなど、多方面で活躍。得意ジャンルは、健康、教育、日常風景など。

東京都三鷹市在住。

イラスト・装丁　いたばし ともこ

本当はすごい森の話 〜林業家からのメッセージ〜

2016年12月15日　初版第1刷発行
2017年9月1日　初版第3刷発行
著　者　田中 惣次
発行人　松本 恒
発行所　株式会社 少年写真新聞社
〒102-8232　東京都千代田区九段南4-7-16 市ヶ谷KTビルI
Tel（03）3264-2624　Fax（03）5276-7785
http://www.schoolpress.co.jp
印刷所　図書印刷株式会社

ISBN 978-4-87981-587-3　C8095 NDC650

ちしきのもり

『みんなが知りたい 放射線の話』 谷川勝至 文

『巨大地震をほり起こす
大地の警告を読みとくぼくたちの研究』 宍倉正展 文

『知ろう！ 再生可能エネルギー』 馬上丈司 文 倉阪秀史 監修

『500円玉の旅 お金の動きがわかる本』 泉 美智子 文

『はじめまして モグラくん
なぞにつつまれた小さなほ乳類』 川田伸一郎 文

『大天狗先生の㊙妖怪学入門』 富安陽子 文

『町工場のものづくり －生きて、働いて、考える－』
小関智弘 文

『本について授業をはじめます』 永江朗 文

『どうしてトウモロコシにはひげがあるの？』 藤田智 文

『巨大隕石から地球を守れ』 高橋典嗣 文

『「走る」のなぞをさぐる～高野進の走りの研究室～』 高野進 文

『幸せとまずしさの教室』 石井光太 文

『和算って、なあに？』 小寺裕 文

『英語でわかる！ 日本・世界』 松本美江 文

以下、続刊